航天器表面充电物理学

Physics of Satellite Surface Charging

Causes，Effects，and Applications

[英] 舒·莱 (Shu T. Lai)

[英] 雷西·普拉迪普塔 (Rezy Pradipta)

著

钟文冬　姜　宇　邰能建　安　源　译

中国宇航出版社

·北京·

Physics of Satellite Surface Charging：Causes，Effects，and Applications/by Shu T. Lai and Rezy Pradipta /
ISBN：978－1－032－19921－4

Copyright 2022 Taylor & Francis Group，LLC

Authorized translation from English language edition published by CRC Press，a member of the Taylor &
Francis Group LLC；All rights reserved.

本书原版由 Taylor & Francis 出版集团旗下 CRC 出版公司出版，并经其授权翻译出版。版权所有，侵权必究。

China Astronautic Publishing House Co.，Ltd is authorized to publish and distribute exclusively the Chinese
(Simplified Characters) language edition. This edition is authorized for sale throughout Mainland of China.
No part of the publication may be reproduced or distributed by any means，or stored in a database or retrieve-
al system，without the prior written permission of the publisher.

本书中文简体翻译版授权由中国宇航出版有限责任公司独家出版。限在中国大陆地区销售。未经出
版者书面许可，不得以任何方式复制或发行本书的任何部分。

Copies of this book sold without a Taylor & Francis sticker on the cover are unauthorized and illegal.
本书封面贴有 Taylor & Francis 公司防伪标签，无标签者不得销售。

著作权合同登记号：图字：01－2023－4072 号

版权所有　侵权必究

图书在版编目（CIP）数据

航天器表面充电物理学 /（英）舒·莱
(Shu T. Lai)，（英）雷西·普拉迪普塔
(Rezy Pradipta) 著；钟文冬等译 . -- 北京：中国宇
航出版社，2024.8
书名原文：Physics of Satellite Surface
Charging：Causes，Effects，and Applications
ISBN 978－7－5159－2278－2

Ⅰ.①航…　Ⅱ.①舒…　②雷…　③钟…　Ⅲ.①航天器
环境－充电－等离子体　Ⅳ.①V419

中国国家版本馆 CIP 数据核字（2023）第 176288 号

责任编辑　张丹丹　　封面设计　王晓武

出　版
发　行　**中国宇航出版社**

社　址　北京市阜成路 8 号　邮　编　100830
　　　　（010）68768548
网　址　www.caphbook.com
经　销　新华书店
发行部　（010）68767386　　（010）68371900
　　　　（010）68767382　　（010）88100613（传真）
零售店　读者服务部　　（010）68371105
承　印　天津画中画印刷有限公司

版　次　2024 年 8 月第 1 版
　　　　2024 年 8 月第 1 次印刷
规　格　787×1092
开　本　1/16
印　张　7.75
字　数　189 千字
书　号　ISBN 978－7－5159－2278－2
定　价　68.00 元

本书如有印装质量问题，可与发行部联系调换

译者序

《航天器表面充电物理学》是目前国际上相关航天器表面充电原理、影响及应用方面的一本极为全面的专著。本书巧妙地梳理了相关航天器表面充电物理学的学科知识点，构建了航天器表面充电的基础理论和架构体系，并进一步阐述了航天器表面充电物理学的内涵及科学影响。此外，从物理学的角度针对航天器表面充电领域进行阐述和分析，具有较高的学术价值及开拓性。

本书主要阐述了航天器平衡电位概念，航天器表面充电的场景、环境、时间等原理性内容。通过阐述电子、电荷、电势及太空中充电的原理，利用大量的数学语言描述其含义和相互约束关系，论述了各种物理量及现象间的数学关系。通过介绍航天器充电温度、表面环境、高电位、单极-偶极模型、航天器充电中电子密度的独立性、束发射引起的航天器充电、充电效果平衡与抑制等方面的内容，系统地阐述了航天器表面充电的物理学原理，对航天器表面充电物理学所涉及内容进行详细阐述，具有较高的学术价值。

本书在国外作为学生教材被广泛使用，且每章的结尾都设计了相应习题，是面向航天器设计，尤其是航天器电源设计师生、专业领域研发人员的一部佳作。本书的翻译出版，对于国内航天器设计、航天器控制等领域的学生来讲，将具有非常高的学术价值与工程价值。本书读者群体为航天器设计、航天器控制、航天器飞行设计、航天器电源设计、空间理论研究等相关领域从业人员，以及高校师生。

钟文冬负责第1～5章的翻译，姜宇负责第6～8章的翻译，邰能建负责第9～10章的翻译，安源负责第11～13章的翻译。在本书翻译和成稿过程中，得到了宇航动力学国家重点实验室领导和许多同志的帮助，在此一并表示感谢。其中，高亚瑞玺、孔博、陈丹、李安梁、姜春生参与了部分内容的翻译工作，匡冬梅、刘海鹏、傅娜、王浩、刘会亮、王晓辉、车斌参与了文献资料的收集、分析比对工作并提出了宝贵的修改建议，钟文冬、姜宇负责全书统稿。

由于译者水平有限，书中难免出现纰漏和不妥之处，敬请广大读者批评指正。

2023 年 3 月

前　言

自 S. E. DeForest（J. Geophys Res. ，第 77 卷，第 651~659 页，1972）观察到了 ATS-5 航天器被充电至负几千伏电压后，航天器充电现象开始得到关注。20 世纪 70 年代到 80 年代，美国空军学院召开了为期四届的航天器充电专题会议，预示着航天器充电走上台前。自那时起，航天器充电相关的论文、评论及教科书相继出现。现如今，航天器表面充电物理学已是一些大学和学院教授的课程。

过去 30 年，出版了两本关于航天器表面充电物理学主题的实用教科书，分别是 1996 年由剑桥大学出版社出版的 Hastings 和 Garrett 创作的《航天器-空间环境相互作用》；2012 年由普林斯顿大学出版社出版的 Lai 创作的《航天器充电基础》。

应出版商泰勒-弗朗西斯出版集团要求，将 Lai 和 Cahoy 的一篇题为《航天器充电》的文章（刊载于泰勒-弗朗西斯出版集团于 2017 年出版的《等离子体技术百科全书》）扩展为专著。为完成此任务，笔者充分借鉴了麻省理工学院空间推进实验室及波士顿学院举办的多次教学研讨会成果。笔者很荣幸能在麻省理工学院和波士顿学院举办教学研讨会，在此向工作在这些单位的 Manuel Martinez-Sanchez、Paulo Lozano 及 Patricia Doherty 等表示衷心的感谢。

请对知识内容要求较为全面的读者谅解：本书没有介绍实验室实验、数值计算和模拟方法、空间仪器和工程、深层充电、三重根跃迁、临界温度的替代方案、表面材料特性和数据库、放电起始、放电扩展及更多内容。本书内容更专注于航天器充电的基本物理学。

　　本书不是对理论的阐述，而是尝试解释航天器表面充电物理学的内涵。引用爱因斯坦的名言："除非您能向祖母解释，否则您不会真正理解某事！"（L. Maiani，Euro Phys J.，doi：10. 1140/epjh/e2017 - 80040 - 92017）。在此向所有提出建设性问题的同事和学生们表示感谢，希望本书能够帮助、激励并吸引各位读者。

目　录

第1章 概 述

1.1 何为航天器充电?

当航天器一个极性的电荷量超过另一个极性的电荷量时,具有导电特性的航天器开始充电,由于存在库仑斥力,航天器的电荷不存在于航天器内部,而是存在于航天器的表面。对于由电介质材料制成的航天器,由于电介质材料的导电性很差,即使存在库仑斥力,其内部的电荷也很难被斥力推至航天器表面。因此,表面充电和深层介质充电均可能发生。

总之,具有导电特性的航天器,只可能发生表面充电。对于由电介质材料制成的航天器,表面充电、深层介质充电都有可能发生。

1.2 何为航天器电势?

电势是相对的。相对于航天器周围的空间等离子体,带电航天器具有静电势 ϕ。在航天器充电领域,一般认为空间等离子体的电势为 0。因此,带有多余电子的航天器自身的电势 ϕ 为负($\phi < 0$)。

简而言之,航天器的电势相对于周围环境等离子体的电势变化而变化。

1.3 为什么航天器充电如此重要?

航天器充电影响机载电子测量,损坏电子仪器,同时还会影响遥测甚至导航系统。严重情况下,它可能会造成航天器任务终止。表面充电和深层介质充电都是导致航天器出现异常的重要因素(图 1-1)。

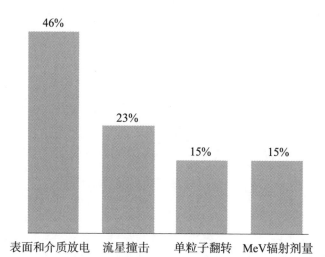

图 1-1　因空间环境问题造成航天器任务终止的主要原因

1.4　航天器充电发生在哪里?

地球同步轨道带是航天器充电最为显著的区域。此区域等离子体密度从
0.1/cm³ 到 100/cm³ 不等,动能从几千电子伏(keV)到几十电子伏不等。该
区域存在许多通信、侦察等卫星。在等离子体动能较低的区域,航天器充电现
象并不严重。在电离层,等离子体能量一般约为 0.1 eV 或更低。航天器低电
压充电一般威胁不大,因为低电压充电通常不会损害电子设备。

本质上,航天器充电在地球同步轨道高度极为严重,因为环境等离子体动
能或粒子平均动能(温度)有时达到千电子伏以上,此轨道高度的卫星,充电
可达负千伏(kV)电压,极个别甚至达到负几千伏电压。

在极光可以出现的低地球轨道(最高达几百千米),当电子沿汇聚磁力线
流动时,其能量会变得巨大。此时,航天器会充电至负几百伏电压。

低电离层,航天器充电现象并不明显,因为电离层等离子体的能量通常为
0.1 eV 或更低,且离子密度也相对较高,所以,若存在任何负电压上升的趋
势,邻近的正离子会进入并中和负电压。

1.5　航天器充电何时发生？

　　太阳通过不断发射太阳风、等离子体及高能等离子体云来控制地球周围的空间天气。但并非所有太阳的高能等离子体云均会指向地球，太阳风通常能量较低［可达到 10 s（自然单位制）或 100 eV］，但偶尔也会达到数百电子伏。若高能太阳喷射物撞击地球磁层，其会压缩向阳侧（地球昼侧）磁层并拉伸夜侧的磁层。磁层可能会被拉伸到月球轨道以外较远的地方。

　　在被拉伸磁层中的某个地方［或是地球半径的 $10''$ 或 $20''$ 范围内（经纬度单位）］，可能发生磁场合并（图 1-2）。拉伸的磁层会变短并向地球反弹，从而挤压磁瓶中的电子。受挤压的电子将获得数百或数千电子伏的动能，该现象被称为磁层亚暴或风暴（Kivelson 和 Russell，1995；Lui，2000；Russell，2000）。

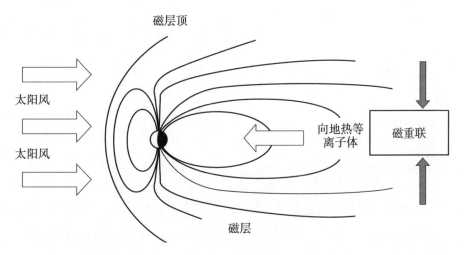

图 1-2　地球磁场结构的推拉。图中显示了地磁磁极和昼夜分界线。磁层顶由太阳风推动，磁尾被拉长至与地球表面相距达多个地球半径的地方。尾部的合并和回缩会导致被地球磁力线限制的带电粒子受到压缩和激发

　　一般情况下，不受太阳扰动的磁层很安静，电子能量低至 10～100 eV。在磁层亚暴和风暴中，电子能量会增加到几千电子伏或更高，它们也被称为热电子。接收热电子的卫星会被充电。热电子极易在午夜至凌晨出现在地球同步轨道高度。

综上所述，热电子可将航天器充电至负电压。太阳控制着地球周围的空间天气。太阳的喷射物压缩向阳侧的磁层，并拉长夜侧的磁层。磁重联可能发生在夜侧的细长磁层中。重联后，磁层会迅速反弹，从而将带电电子或热电子带向地球处于午夜的区域。而热电子会漂移至处于早晨的区域，因此航天器充电更有可能发生在午夜和早晨（图1-3）。

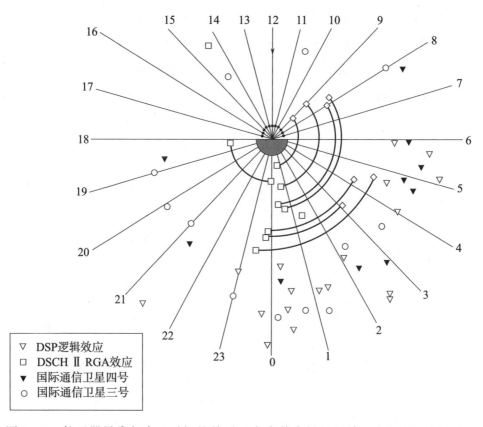

图1-3　航天器异常与当地时间的关系（大多数在早晨区域，太阳在正午方向）

（资料来源：Vampola，1987，版权为爱思唯尔所有，经许可允许转载）

1.6　电子和离子通量

等离子体由电子和离子组成。电子和离子的动能分别由下列等式计算

$$\frac{1}{2}n_e m_e v_e^2 = kT_e \qquad (1-1)$$

和

$$\frac{1}{2}n_i m_i v_i^2 = kT_i \tag{1-2}$$

式中，n 表示密度；m 表示质量；v 表示速度；k 表示玻耳兹曼常数；T 表示温度；下标 e 和 i 分别表示电子和离子。由于自然环境为中性，所以 $n_e \approx n_i$。在热平衡时，$T_e \approx T_i$，但不绝对相等，会有微小的偏差。所以，可得以下近似关系

$$m_e v_e^2 \approx m_i v_i^2 \tag{1-3}$$

由于电子质量 m_e 比离子质量 m_i 小两个数量级，所以，电子速度 v_e 比离子速度 v_i 要快得多，因此，电子通量 $q n_e v_e$ 远大于离子通量 $q n_i v_i$。

$$\frac{1}{2}n_e m_e v_e^2 = kT_e \tag{1-4}$$

图 1-4 显示了地球同步轨道周围的环境电子和离子的测量通量（Lai 和 Della-Rose，2001）。由此可见，在所有航天器的电势范围，环境电子通量均比环境离子通量大 1～2 个数量级，甚至更多。因处于极低电势的数据为噪声，本书不再讨论。

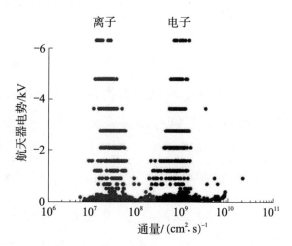

图 1-4　地球同步轨道高度的电子（右侧）和离子（左侧）通量 [2000 年 3 月，LANL-1994 卫星从日食期间获得的数据，资料来源：Lai 和 Della-Rose（2001），美国政府工作文件，无版权]

从物理角度看，通量不相等意味着空间等离子体中的物体，相较于离子，更容易截获更多的电子。该结论不仅适用于空间等离子体，也适用于实验室等

离子体。这一简单且重要的结果本身就意味着：放置在实验室或空间等离子体中的物体，很有可能充电至负电势（$\phi<0$），因为它拦截的电子比离子多。

物理学领域，迄今仅考虑两个因素：环境电子和离子。本书后续将介绍更多的因素，如二次电子，内容将更加有趣。

1.7　一般参考资料

有关空间等离子体、地磁暴和亚暴的一般参考文献，请参见：Tribble（1995），Kivelson 和 Russell（1995），Russell（2000），Lui（2000），Song 等人（2001），Daglis（2001），Bothmer 和 Daglis（2007）。关于航天器充电，参见 Whipple（1981），Tribble（1995），Hastings 和 Garrett（1997），Lai（2011）、Rodgers（2011），Lai（2017）。期刊中有关航天器充电的特刊，请参见《IEEE 等离子体科学》汇刊、特刊（2006、2008、2012、2013、2015）。

习题

1. 了解地球同步轨道高度是件有意义的事情。请计算地球同步轨道高度值。

2. 地球同步轨道高度的主要离子类型为 H^+，而电离层高度的主要离子类型为 O^+。计算地球同步轨道高度和电离层高度的离子质量与电子质量之比。然后，再估算地球同步轨道高度和电离层高度的电子热速度与离子热速度之比。

3. 假设离子质量 m_i 比电子质量 m_e 重 1 837 个单位，离子温度 T_i 比电子温度 T_e 高 5 倍。使用方程式 $kT=\dfrac{1}{2}mv^2$，计算离子通量与电子通量之比。

4. 航天器在空间等离子体中充电至负电势的主要原因是什么？

5. 金属（导体）可进行表面充电，但是，其是否可以承受介质深层充电？

　　a. 是　b. 否

6. 电介质（绝缘体）可进行深层充电，其是否可以承受表面充电？

　　a. 是　b. 否

7. 流过电阻器的电流为 I，则电功率 P 等于 I^2R，其中 R 为电阻。电阻器可为电灯泡或计算机部件。如果电流 I 浪涌量为 ΔI，请证明功率中的分数浪涌 $\Delta P/P$ 与 $2\Delta I/I$ 成比例。

8. 在地球同步轨道上的航天器充电最有可能发生在午夜时分，因为：

a. 亚暴期间磁尾中产生的热电子向地球移动

b. 赤道面上的日食发生在午夜时分

c. 以上两种说法均正确

9. 与地球同步轨道环境中的自然充电相比，电离层中的自然充电微不足道。因为：

a. 电离层中的周围电子能量较低（小于 1 eV），极光区除外

b. 电离层拥有很强的磁场

c. 电离层的等离子体密度较低

d. 电离层是一个没有电子的离子层

10. 下列哪个空间环境对航天器的自然充电最为重要？

a. 等离子体层

b. 电离层中的低轨范围

c. 极光高度

d. 地球同步轨道高度

11. 航天器充电可能在何时发生？

a. 日食期间

b. 地磁暴或亚暴期间

c. 电子温度高的时候

d. 以上所有

参考文献

［1］ Bothmer V，I A Daglis. Space Weather：Physics and Effects. Berlin：Springer Verlag，2007.

［2］ Daglis I A. Space Storms and Space Weather Hazards，NATO Science Series. The Netherlands：Kluwer Academic Publishers，2001.

［3］ Hastings D，H B Garrett. Spacecraft－Environment Interactions. Cambridge，UK：Cambridge University Press，1997.

［4］ Kivelson M G，C T Russell. Introduction to Space Physics. Cambridge，UK：Cambridge University Press，1995.

［5］ Lai S T （editor）. Spacecraft charging：Progress in Astronautics and Aeronautics. Reston. VA，USA：AIAA，2011，Vol 237.

［6］ Lai S T，et al. Spacecraft charging，in Encyclopedia of Plasmas. New York and London：Taylor and Francis，2017.

［7］ Lai S T，Della－Rose D J. Spacecraft Charging at Geosynchronous Altitudes：New Evidence of Existence of Critical Temperature. Journal of Spacecraft and Rockets，2001，38：922－928.

［8］ Lai S T. Fundamentals of Spacecraft Charging. NJ ：Princeton University Press，2012.

［9］ Lui A T Y. Tutorial on geomagnetic storms and substorms . IEEE Trans. Plasma Sci，2000，Vol 28 （6）：1854－1866.

［10］ Rodgers D J，et al. Spacecraft Charging：Internal Charging，Chapter7. Reston，VA，USA：Press AIAA，2011，143－164.

［11］ Russell C T. The solar wind interaction with the Earth's magnetosphere：A tutorial，IEEE Trans. Plasma Sci. ，2000，Vol 28 （6）：1818－1830.

［12］ Song P，H J Singer，G L Siscoe eds. Space Weather，Geophysical Monograph Series 125，American Geophysical Union，Washington，DC，2001.

［13］ Special Issue，IEEE Trans. Plasma Sci. ，2006，Vol 34 （5），1946－2225 .

[14] Special Issue，IEEE Trans. Plasma Sci. , 2008，Vol 36 (5)，2218 – 2482 .

[15] Special Issue，IEEE Trans. Plasma Sci. , 2012，Vol 40 (2)，138 – 402.

[16] Special Issue，IEEE Trans. Plasma Sci. , 2013，Vol 41 (11)，3302 – 3577.

[17] Special Issue，IEEE Trans. Plasma Sci. , 2015，Vol 43 (9).

[18] Tribble A C. The Space Environment. NJ ：Princeton University Press，1995.

[19] Vampola A L. Thick dielectric charging on high – altitude spacecraft. Electronics，1987，Vol 20，21 – 30.

[20] Whipple E C. Potential of surface in space. Rep Prog Phys. 1981，Vol 44，1197 – 1250.

第 2 章　航天器平衡势

2.1　导言

少量的电子聚集在航天器表面，能否将其充电至高电势？作为练习，请想象在航天器上放置一个负电荷 $Q = -60 \times 10^{-9}$ C。则根据高斯定律，半径为 $a = 1$ m 的导电球体表面的电势 ϕ 为

$$\phi = \frac{1}{4\pi\varepsilon_0}\frac{Q}{a} \qquad (2-1)$$

由式（2-1）可得，电势 $\phi = -540$ V，该练习的结果是否意味着空间中的物体较易被充电至较高的负电势？乍一看，因为空间中存在很多电子，答案似乎是肯定的。

然而现实中，即使航天器表面聚集了电子，增加了其表面的负电势，航天器也不易充电至高负电势，主要有下述两个原因。

2.1.1　同性电荷相斥

表面聚集电子会提高电势（负），但会排斥后续试图聚集的电子。该现象可解释为，如果电荷动能 E 小于势能 $q\phi$，则带负电荷 q 的入射电子不能克服负电势 ϕ。请注意此处势能为正，即乘积 $q\phi$ 为正。

仅有能量足以克服电势的电子才能持续聚集。所以，产生的电势极大程度上取决于聚集电子的能量分布。考虑空间中温度为 T 的等离子体。令 $I(\phi)$ 为克服航天器电势 ϕ 的电流，且 $I(0)$ 为距离航天器较远的空间等离子体中的电流。采用玻耳兹曼斥力公式通常可得近似值

$$I(\phi) = I(0)\exp\left(-\frac{q\phi}{kT}\right) \qquad (2-2)$$

式中，k 是玻耳兹曼常数。请注意，$q\phi$ 和 kT 都表示能量，且为正值。

2.1.2　异性电荷相吸

太空并非绝对真空，其中存在着电子和离子。大多数离子是电离层中的 O^+ 和磁层中的 H^+。若航天器电势为负且为有限值，那么，正离子会被吸引至航天器表面。所以，合成电势由进出表面的电子和离子电流的差值决定，此为其另一重要性质，将在后续第 3 章讨论。

2.2　瞬态充电

假设环境电子电流 I 是恒定的，且将表面电容为 C 的航天器充电至电势 ϕ，所需时间为 τ。类似于将水流为 I 的自来水注入横截面面积为 C 的烧杯中，直至水位 ϕ，所需时间为 τ（图 2-1）。

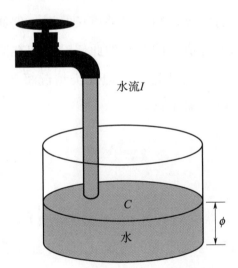

图 2-1　电容充电概念：现将水流 I 倒入横截面面积为 C 的烧杯中，则将水加到高度 ϕ，所需时间为 τ

$$\tau I = C\phi \tag{2-3}$$

在 t 时刻（$t < \tau$），水位 $\phi(t)$ 由下式得出

$$\phi(t) = \frac{I}{C}t \tag{2-4}$$

若已知时间 t 时的恒定电流 I 和电势 $\phi(t)$，可以计算电容 C 为

$$C = \frac{I}{\phi(t)} t \qquad (2-5)$$

如果电流 I 与时间有关，则电势 $\phi(t)$ 由下式得出

$$\phi(t) = \int_0^\tau \frac{I(t)}{C} \mathrm{d}t \qquad (2-6)$$

在式（2-6）中，假设了初始状态 $\phi(0) = 0$。若其不为 0，则需将式（2-6）表示为

$$\phi(t) - \phi(0) = \int_0^\tau \frac{I(t)}{C} \mathrm{d}t \qquad (2-7)$$

在空间等离子体中的球形表面电容 C，比如，地球同步轨道高度以及更高高度的等离子体中，可近似为真空状态下的电容。例如，在地球同步轨道高度，以 0.5 nA/cm² 的磁通量，将半径为 1 m 的球形航天器充电至 1 kV 的时间 τ 由式（2-3）给出，其计算结果为毫秒（ms）。由此可知，充电速度极快。

若航天器具有更高的电容，则充电需更长时间。例如，薄双电层电容器或高密度等离子体会增加电容值。即存在如此假设：拥有薄电容器表面的航天器充电时间，甚至比轨道运行周期还长，但此类情况极为罕见，本书不予赘述。大多数实际应用中，充电只需 1 ms。

2.3　平衡水平

2.2 节假设流向航天器的电流为 I，则电势 $\phi(t)$ 随电流 I 持续流向航天器而增加。假设另一由相反电荷形成的电流 I_i 流向航天器，那么航天器的净电荷量将由携带相反电荷的两个电流决定。

打个比方，请回想烧杯中的水位，它流入水流 I，但同时流出水流 I_i。因此，将存在一个平衡点。平衡点由流入水流和流出水流的速率决定。

但与水不同，空间等离子体中的电荷有两个极性。平衡点由传入负电荷和正电荷的速率决定。

2.4　浮动电势

通常认为航天器的电势与环境等离子体电势有关，后者定义为零（0 V）。因此，航天器电势就被视为浮动电势，因为它可相对于环境等离子体的恒定的零势能面（0 V）向上或向下浮动（图 2-2）。

图 2-2　浮动电势的概念：环境等离子体电势定义为零（0 V），卫星表面上的卫星电势

为 $\phi(r=0)$。存在一个鞘区，在该鞘区中，$\phi(r)$ 从表面电势 ϕ 逐渐变化

为环境等离子体电势 0

通常，空间中的鞘区电势分布 $\phi(r)$ 可由以下等式得出（Whipple 等人，1974）

$$\phi(r) = \phi(0) \frac{R}{r+R} \exp\left(-\frac{r}{\lambda_D}\right) \qquad (2-8)$$

式中，R 是卫星本体半径；r 是粒子轨迹距卫星本体的径向距离；λ_D 是德拜半径。比如位于地球同步轨道高度的卫星 SCATHA，环境等离子体的德拜半径 λ_D 约为 45 m（Aggson 等人，1983）。而在电离层高度，德拜半径则更短（几厘米）。

2.5　鞘区中的电子和离子能量

图 2-3 显示了与空间等离子体电势相关的鞘区电势分布 $\phi(r)$，由图可知，空间等离子体电势为零。电势分布 $\phi(r)$ 为到航天器表面距离 r 的函数。如图 2-3 所示，右半区电势为负，因此对航天器右侧的正离子具有吸引力，而对右侧的电子具有排斥力。渐渐地，鞘区电势 $\phi(r)$ 接近空间等离子体的电势 0。

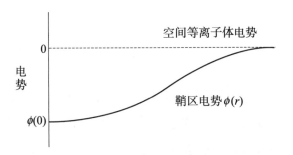

图 2-3　鞘区电势分布图。卫星表面位于 y 轴。y 轴描绘了电势大小。x 轴表示与表面的距离 r。通常，空间等离子体电势为 0。图中显示了距离表面 r 处的航天器鞘区电势为 $\phi(r)$。电势 $\phi(0)$ 是距离表面 $r=0$ 处的电势，即航天器表面电势

2.5.1　入射电子

负电势可使流向航天器的电子减速。在该过程中，电子动能降低，势能增加，而总能量 E_{Total} 恒定。

$$E_{\text{Total}} = \frac{1}{2}mv^2(r) + q_e\phi(r) \qquad (2-9)$$

式中，m 是电子的质量；v 是速度；r 是径向距离；$q_e(<0)$ 是电子电荷；$\phi(<0)$ 是电势。无穷远处的初始总能量由下式得出

$$E_{\text{Total}} = \frac{1}{2}mv^2(\infty) + q_e\phi(\infty) \qquad (2-10)$$

其中，$\phi(\infty)=0$。若初始速度足够快，电子便可到达航天器，但其最终动能将减至 $q_e\phi(0)$。

$$\frac{1}{2}mv^2(r) = \frac{1}{2}mv^2(\infty) - q_e\phi(r) \qquad (2-11)$$

当 $q_e\phi(r)$ 在点 r 处达到 E_{Total} 时，速度 $v(r)$ 为零。此时，电子在 r 处停止并开始远离卫星。若绘制电势曲线来描述电子从右到左的上坡式行进方式，可直观地看到电子在 r 处停止，并将再次开始下坡式行进（图 2-4）。

2.5.2　出射电子

练习一：假设电子从 $r=0$ 处开始由左向右移动，由于电子带有负电荷，所以当电子从高负电势运动时，电势分布会使电子加速。从左到右的加速度就

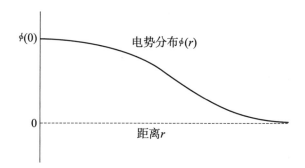

图 2-4　上半平面为负电势的电势分布图。由于电子（带负电荷）的上坡（负）电压，
从右侧到左侧移动的电子会减速

像一个滚下山坡的球。请写出能量守恒定律，并证明此结果。

2.5.3　入射正离子

练习二：写出从右到左入射正离子的总能量。当离子接近具有负电势 $\phi(0)$ 的航天器时，离子的行进速度会越来越快。

2.5.4　出射离子

练习三：考虑从航天器表面出射的动能为 E_1 的正离子，其初始动能为 $E_1 = \frac{1}{2}MV^2(0)$，其中 M 为离子质量，V 为其速度。航天器电势 ϕ 为负，总能量为 $E_1 + q_i\phi$，其中 q_i 为正。若离子能量 E_1 小于势能 $q_i\phi$，则环境等离子体的势能，也就是总能量将小于 0。

在图 2-5 中，航天器表面电势用 ϕ 表示，$\phi(r)$ 作为径向距离 r 的函数。当离子沿 r 移动时，其速度 $V(r)$ 和距离 r 处的势能 $\phi(r)$ 满足以下能量等式

$$\frac{1}{2}MV^2(r) + q_i\phi(r) = \frac{1}{2}MV^2(0) + q_i\phi(0) \tag{2-12}$$

速度 $V(r)$ 在径向距离 r 处变为零，得出

$$q_i[\phi(r) - \phi(0)] = \frac{1}{2}MV^2(0) \tag{2-13}$$

式中，$E_1 = \frac{1}{2}MV^2(0)$；离子在 r 处停止，此时 $V(r) = 0$。

练习四：初始离子动能 $E_2 > 0$ 时，若离子趋于无穷远，最终离子动能为多少？

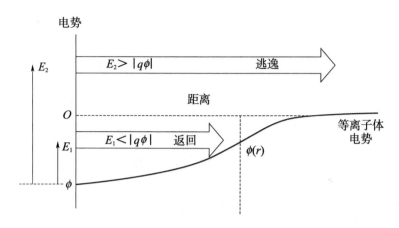

图 2-5　从表面出射的正离子能量。表面电势 $\phi(0)$ 为负，空间等离子体电势为 0。

水平轴表示到航天器表面的距离 r

习题

1. 将球面充电至电势 ϕ 的时间 τ 与 $\phi(r, J)$ 成正比，其中 r 为半径，J 是环境电流密度。可看出，在地球同步轨道环境中，将 $R = 1$ m 的球体充电至 $\phi = -1$ kV 大约需要 2 ms。在相同的环境下，将半径为 10^{-6} m 的球形尘埃粒子充电至 2 kV 需要多长时间？

参考文献

［1］ Aggson T L，et al. Probe measurements of dc electric fields. Eur：Space Agency Publ，1983，13 - 17.

［2］ Whipple E C，et al. Effect of satellite potential in direction density measurements through the magnetosphere. J Geophys Res，1974，179（79）.

第 3 章　电流平衡

3.1　朗缪尔引力公式

假设带电粒子电荷为 q，质量为 m，速度为 v，沿一条无任何相互作用场的直线运动。同时，假设粒子为正离子，其热能为 kT，其中 k 是玻耳兹曼常数，T 是温度，则

$$\frac{1}{2}mv^2 = kT \tag{3-1}$$

当粒子接近引力场为 $\phi(r)$ 的球体时，粒子速度变为 $v(r)$，其中 r 是到球体中心的径向距离。由于总能量（动能加势能）守恒，因此，粒子能量方程由下式给出

$$\frac{1}{2}mv^2 = \frac{1}{2}mv^2(r) + q\phi(r) \tag{3-2}$$

式中，q 是基本电荷，对于正离子为正电荷。而对于带负电荷球体形成的引力场，$\phi(r)$ 为负。由于 $q\phi(r)$ 的符号为负，所以，当粒子接近球体时，距离 r 减小，速度 $v(r)$ 增大，如图 3-1 所示。

由于中心场的总角动量守恒，因此在其任意点 r 处均恒定。

$$mvh = mv(r)r \tag{3-3}$$

式中，h 是碰撞参数，即粒子以直线方式到球心的垂直距离。当粒子到达半径为 a 的球体时，其速度 $v(a)$ 满足式（3-4）和式（3-5）。

$$\frac{1}{2}mv^2 = \frac{1}{2}mv^2(a) + q\phi(a) \tag{3-4}$$

和

$$mvh = mv(a)a \tag{3-5}$$

将球体的电势用 ϕ 表示，可知，$\phi = \phi(a)$。

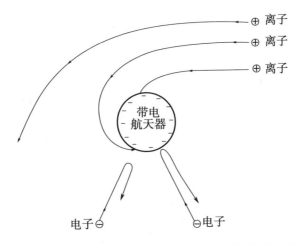

图 3-1　轨迹受限下的负电荷朗缪尔引力示意图，也表明了相同电荷的排斥特性

从式（3-4）得出

$$v(a) = v\left(1 - \frac{q\phi}{kT}\right)^{\frac{1}{2}} \tag{3-6}$$

因此，式（3-5）的碰撞参数 h 与 a、v、ϕ 相关，如下

$$h = v\left(1 - \frac{q\phi}{kT}\right)^{\frac{1}{2}} a \tag{3-7}$$

注意，由于 $q\phi$ 在正离子情况下为负，因此 $v(a) > v$[见式（3-6）]，$h > a$[见式（3-7）]。式（3-7）是莫特-史密斯和朗缪尔引力公式，或简称为朗缪尔引力公式（图 3-2）。

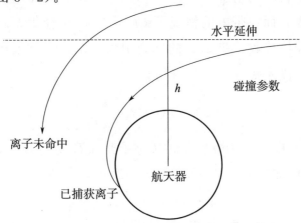

图 3-2　碰撞参数的概念：假设离子从无穷远处做水平运动接近航天器。当它进入航天器的引力场时，会围绕引力中心运动。存在一个中心到轨道的水平延伸方向的垂直距离 h。

当离子运动超过 h 时，离子轨迹将摆脱航天器引力

3.2 入射电流

对于速度为 v 的带电粒子，电流密度 J 的定义为：每单位时间内穿过单位面积的粒子数。也就是说，$J = qnv$，其中 n 是电荷密度。穿过区域 A 的粒子数，决定了区域 A 的电流 I，即 $I = qnvA$。

对于半径为 a 且电势为 0（即 $\phi = 0$）的不带电球体，表面积 A 为 $4\pi a^2$，球体接收到的电流 $I(\phi)$（其中 $\phi = 0$）为

$$I(0) = 4\pi a^2 qnv \qquad (3-8)$$

朗缪尔引力公式（3-7）的意义：若带电粒子直线运动轨迹延伸方向与球体的垂直距离 d 等于 h，则粒子接触球体。如果距离 d 小于 h，则粒子撞击球体。但是，如果距离 d 超过 h，则粒子将掠过球体。

在三维空间中，带电离子可能来自各个方向。假设一个半径为 h 的圆柱管，所有垂直距离 $d > h$ 的带电粒子均会掠过柱体，而 $d \leqslant h$ 的带电粒子将撞击柱体。这样可以与粒子碰撞的柱体有效碰撞面积在空间中等效为一个球体，其表面积为 $4\pi h^2$，大于带电粒子形成的球体的表面积 $4\pi a^2$。因此，此球体接收到的电流 $I(\phi)$ 为

$$I(\phi) = 4\pi h^2 qnv \qquad (3-9)$$

注意，$I(\phi) > I(0)$，因为半径为 h 的球体的面积大于半径为 a 的不带电球体的面积。在不带电的情况下（$\phi = 0$），半径为 a 的圆形横截面内的所有粒子都会被球体接收，而在带电的情况下（$\phi \neq 0$），半径为 h 的圆形横截面内的所有粒子都将被球体接收。势场 ϕ 的库仑引力，增加了进入球体的电流。

将式（3-7）代入式（3-9），得到

$$I(\phi) = I(0)\left(1 - \frac{q\phi}{kT}\right) \qquad (3-10)$$

在式（3-10）中，因为 $q\phi$ 为负（粒子是正离子），所以 $I(\phi) > I(0)$。式（3-10）括号中的 $q\phi/(kT)$ 称为朗缪尔因子，其值大于 1。

3.3 电子和离子电流的平衡

设想一个球形卫星接收到电子电流 I_e 和离子电流 I_i。在平衡状态下，电

势 ϕ 由所有的电流之和决定。

$$I_e(\phi) + I_i(\phi) = 0 \qquad (3-11)$$

式中，电流 I_e 和 I_i 的符号相反。将式（3-2）和式（3-10）代入式（3-11），可得电子和离子电流平衡方程，如下

$$I_e(0) \exp\left(-\frac{q_e\phi}{kT_e}\right) + I_i(0)\left(1 - \frac{q_i\phi}{kT_i}\right) = 0 \qquad (3-12)$$

在式（3-12）中，航天器电势 ϕ 为负，$q_e\phi$ 为正，因为电子基本电荷 q_e 为负，而 $q_i\phi$ 为负，所以 q_i 为正，电子和离子电流相互平衡。

为便于理解当前的平衡状态，考虑前面叙述的烧杯中水位处于平衡的例子。同样地，我们可以想象有一个连接花园软管的接头，且水在没有膨胀或释放的情况下，流入和流出该接头。在电气工程术语中，基尔霍夫定律指出：在电路的每个连接处，电流之和等于 0。

也可以说，在航天器充电过程中，航天器表现为朗缪尔探针的一种形式。但是，尽管当前的平衡方程式适用于这两种情况，但在概念上仍然存在一些差异。实验室中，通过改变加载在朗缪尔探针上的电势，来测量产生的电流。而在太空中，输入与输出的电流都是无人为干预而自然变化的，其测量的是航天器电势。

3.4　多个电流的平衡

根据基尔霍夫定律，若有多个电流输入或输出航天器或航天器表面，则平衡时的充电电势 ϕ 受所有电流的电流平衡支配：

$$\sum_n I_n(\phi) = 0 \qquad (3-13)$$

式中，下标 n 表示各电流。例如，从航天器发出一束人造带电粒子束，其电流为 I_B，则电流平衡方程为

$$I_e(0) \exp\left(-\frac{q_e\phi}{kT_e}\right) + I_i(0)\left(1 - \frac{q_i\phi}{kT_i}\right) + I_B(\phi) = 0 \qquad (3-14)$$

在式（3-14）中，增加的束流 $I_B(\phi)$ 会影响航天器电势，反之亦然。

再比如，若存在二次电子电流 I_S、背散射电子电流 I_n 和光电子电流

I_{ph}，　则在平衡状态下的航天器表面充电电势 ϕ 的电流平衡方程为

$$I_e(0)\exp\left(-\frac{q_e\phi}{kT_e}\right)+I_i(0)\left(1-\frac{q_i\phi}{kT_i}\right)+I_B(\phi)+I_S(\phi)+I_n(\phi)+I_{ph}(\phi)=0$$

$$(3-15)$$

习题

1. 回顾第 2 章中空间等离子体中球体周围鞘区的影响。在朗缪尔引力公式中，若德拜长度 λ_D 与球体的大小相比，变得非常小，你认为 h 会如何变化？如果德拜长度 λ_D 与球体的大小相比，变得非常大，h 会如何变化？如果 λ_D 增大，h 会增大还是减小？

2. 在轨道受限的情况下，由电势为 ϕ 的朗缪尔探针收集的电流 $I(\phi)$ 取决于电势 ϕ 和几何形状（球体、长圆柱体或平面）。从 $\phi=0$ 开始，绘制 $I(\phi)/I(0)$ 与 $1-q\phi/(kT)$ 的关系图。

3. 请证明在轨道受限的情况下，吸引到电势为 ϕ 的球体的离子电流 $I(\phi)$ 由下式给出

$$I(\phi)=I(0)\left(1-\frac{q_i\phi}{kT_i}\right)$$

4. 以下哪种离子在中和已预先带电到高负电势 ϕ 的球体时更有效？

a. 高温离子

b. 低温离子

c. 负离子

d. 大型强子对撞机（LHC）高能离子

第 4 章　如何测算航天器电势

4.1　能量分布

假设航天器被充电至负电势 ϕ。航天器表面排斥环境电子，吸引环境正离子。每个受引力到达航天器表面的离子均能获得能量 $q\phi$，其中 q 是离子的基本电荷，获得的能量以电子伏特（eV）为单位。

考虑麦克斯韦分布 $f(E)$ 中的环境离子，其中 E 是离子能量（$E > 0$）。当离子远离航天器时，其不受引力电势 ϕ 影响。

$$f(E) = n\left(\frac{m}{2\pi kT}\right)^{\frac{3}{2}} \exp\left(-\frac{E}{kT}\right) \tag{4-1}$$

式中，n 是等离子体离子密度；m 是离子质量；k 是玻耳兹曼常数；T 是离子温度。严格来说，式（4-1）是通过能量 $E = \frac{1}{2}Mv^2$ 所描述的速度分布。因此，电子和离子的测算依据是能量 E，而不是速度。

离子到达带电航天器表面时，每个离子获得能量 $q\phi$。因此，测得航天器表面离子分布 $f_\phi(E)$ 如下

$$f_\phi(E) = n\left(\frac{m}{2\pi kT}\right)^{\frac{3}{2}} \exp\left(-\frac{E - q\phi}{kT}\right) \tag{4-2}$$

式中，$E > q\phi$。从式（4-1）和式（4-2）中，可得以下特性

$$f(E) = 0, E < 0 \tag{4-3}$$

$$f(0) = f_\phi(q\phi) = n\left(\frac{m}{2\pi kT}\right)^{\frac{3}{2}} \tag{4-4}$$

$$f(0) = f_\phi(q\phi) \tag{4-5}$$

和

$$f_\phi(E) = 0, \quad E < q\phi \tag{4-6}$$

取式（4-1）两边的对数，即

$$\log f(E) = \log f(0) - \frac{E}{kT} \qquad (4-7)$$

若将 $\log f(E)$ 绘制为 E 的函数，可得斜率为 $-1/(kT)$ 的直线。同理，根据式（4-2），$\log f_\phi(E)$ 与 E 关系的曲线图也是一条相同斜率的直线。图 4-1 展示了能量 E 的曲线图和函数图 $-\log f(E)$ 和 $\log f_\phi(E)$。

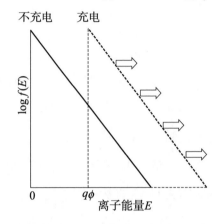

图 4-1　麦克斯韦分布 $f(E)$ 的位移。能隙 $q\phi$ 表征航天器电势 ϕ，

斜率为 $-1/(kT)$，表征温度 T

在 $\log f_\phi(E)$ 的函数图中，$E=0$ 和 $E=q\phi$ 存在能隙。能隙因原始分布函数 $f(E)$ 向 $f_\phi(E)$ 的偏移而形成。之所以发生偏移，是因为每个被吸引至表面的粒子都获得能量 $q\phi$，甚至原本静止的粒子（能量 $E=0$）到达时也获得了能量 $E=q\phi$。能隙表征了航天器的电势。

4.1.1　互斥物质

对于互斥的带电物质（电子），其分布移动到图 4-1 的左侧。原因是粒子到达表面时都会损失能量 $q\phi$，部分分布会移动到 y 轴的左侧。由于能量不能为负，因此转移到 y 轴左侧的部分将不再存在，即代表这部分粒子消失了。

4.1.2　增强图形

实际上，若想能更清楚地看到偏移，常见的方法是将 E 乘以 $\log f_\phi(E)$，绘制出 E 的 $E\log f_\phi(E)$ 增强图形，而能隙大小未变。

$$E f_\phi(E) = 0, \quad E < q\phi \qquad (4-8)$$

4.1.3 非麦克斯韦分布

若分布偏离麦克斯韦分布，则 $\log f(E)$ 与 E 的函数曲线将不为直线。由于被吸引至表面的粒子都会获得能量 $q\phi$，因此能隙大小不变，同样可以用来表征航天器的电势（图 4-2）。但是若偏离麦克斯韦线不太均匀或不太稳定，则较难表征航天器的电势。

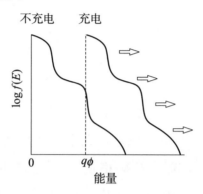

图 4-2 非麦克斯韦分布的位移

4.2 测量分布的仪器

4.2.1 阻滞势分析器

多年来，阻滞势分析器（RPA）一直用于测量入射带电粒子的能量分布。该仪器入口处设有栅格（图 4-3）。假设给它施加正电势以排斥进入的离子，则只有能量大于施加电势的离子才可进入栅格。通过增加排斥电势，便可获得离散点的分布（图 4-4）。更多详情请参见 Lai 和 Miller（2020）。

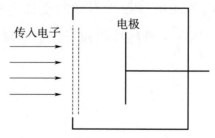

图 4-3 阻滞势分析器示意图。施加到入口栅格的势能，产生了对能量低于栅格势能带电粒子的排斥

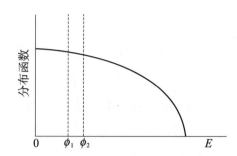

图 4 - 4　增加栅格电势，测量带电粒子的分布

4.2.2　RPA 缺点

当电势范围较大时，实现较小的恒定增量需要较长时间。对于不需精确数值的场景，可使用对数刻度的恒定增量，低电势呈现较小的增量，高电势呈现较大的增量。另一个缺点是离子对栅格的冲击会产生二次电子（Baragiola，1993；Lin 和 Joy，2005）。可以通过安装连续的栅格阻隔二次电子。但是总会有最后一个被通过的栅格，所以做不到完全阻隔二次电子。

4.2.3　等离子体分析仪

另一种测量带电粒子分布的热门仪器是等离子体分析仪，它也被称为静电分析仪或"礼帽"分析仪（Vampola，1998）。

$$\frac{\mathrm{d}\boldsymbol{v}}{\mathrm{d}t} = \frac{q}{m}(\boldsymbol{E} + \boldsymbol{v} \times \boldsymbol{B}) \qquad (4-9)$$

式中，$\boldsymbol{v}$ 是粒子速度；m 是质量；q 是电荷；$\boldsymbol{E}$ 和 $\boldsymbol{B}$ 分别是外加电场和磁场；t 是时间。等离子体分析仪原理本质上同质谱仪，此情境下，筛选出的带电粒子具有相同的质量却具有不同的能量分布。不同的受体电极可接收不同能量的粒子。为减轻重量，只需使用一个受体接收粒子，但电场或磁场以离散形式变化（图 4 - 5）。

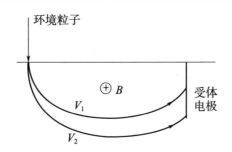

图 4 - 5　等离子体分析仪。虽然其原理与质谱仪相同，但带电粒子具有相同的质量和不同的速度

4.2.4　长吊臂

可以通过测量长吊臂顶端和卫星本体之间的电势差 $\Delta\phi$，来测量粒子的能量。主要原理是，吊臂的顶端离带电的卫星本体足够远，基本可视为处于电势为 ϕ_p 的空间等离子体中，即 $\phi_p = 0$。

$$\Delta\phi = \phi_s - \phi_p \approx \phi_s \qquad (4-10)$$

然而，吊臂顶端本身可充电至高电势 ϕ_p，因此测量值 $\Delta\phi$ 可能无法表征卫星本体的准确电势 ϕ_s（Lai，1998）。

习题

1. 假设在太阳角 $\theta = 0°$ 时，卫星外 $r_s = 1$ cm 处存在 -2 V 势垒。卫星半径为 r_0，（$r = r_0$，$\theta = 0°$）处的表面电势为 $+6$ V，图 4 - 6 显示了电势分布随距离的变化。在 r_0 处，电势为 -6 V。在 $r = r_s$ 处，电势为 $+2$ V。

思考当麦克斯韦离子和电子射向卫星方向，在 $r = r_0$，$\theta = 0°$ 时，测量卫星表面的离子和电子能量分布，那么分布情况如何？

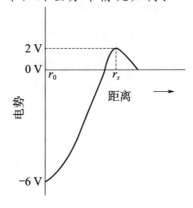

图 4 - 6　基于距离函数的电势分布

在 r_0 处，电势为 $-6\,\text{V}$；在 r_s 处，电势为 $+2\,\text{V}$；在无穷远处，电势为 $0\,\text{V}$。离子和电子从右侧到达卫星表面 r_0 处。

解决方案：

能量 E 的麦克斯韦分布 $f(E)$ 如下

$$f(E) = n\left(\frac{m}{2\pi kT}\right)^{\frac{3}{2}} \exp\left(-\frac{E}{kT}\right) \tag{4-11}$$

$f(E)$ 的对数函数（图 4-7）如下

$$\log f(E) = \log\left[n\left(\frac{m}{2\pi kT}\right)^{\frac{3}{2}}\right] - \frac{E}{kT} \tag{4-12}$$

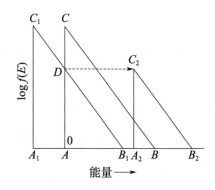

图 4-7　$\log f(E)$ 与能量 E 的关系图。考虑入射离子的存在，当电势为零时，分布为 ABC。在 r_s 处，电势为 $+2\,\text{V}$，具有排斥性，会减慢离子的速度，分布会转移到 $A_1 B_1 C_1$。

在通过 r_s 点后，离子到达卫星表面 r_0 处。此时，电势是 $-6\,\text{V}$，具有吸引性，因此分布情况为 $A_2 B_2 C_2$

2. 概率 $A_2 C_2$ 与 AC 的比值为多少？

3. A_1 和 A_2 的能量差是多少？

4. 对不同入射电子重复练习 1～3 题。

5. 若在空间等离子环境中，某一航天器表面被充电，并延伸出一根长吊臂，是否可以将此吊臂假设为等离子电势，并且吊臂顶端电势为 ϕ_{boom}，此假设是否可行？为什么？

参考文献

[1] Baragiola R A. Principles and mechanisms of ion induced electron emission. Nuclear Instruments & Methods in Physics Research Section B – beam Interactions With Materials and Atoms, 1993, 78, 223 – 238.

[2] Lai S T, et al. A critical overview of measurement techniques of spacecraft charging in space plasma. Geophysical monograph. Washington DC: American Geophysical Union. 1998, 217 – 221 (103).

[3] Lai S T, Miller C E. Retarding potential analyzer: Principles, designs, and space applications. AIP Advances, 2020, 10, 095324.

[4] Lin Y, Joy D C. A new examination of secondary electron yield data. Surface and Interface Analysis, 2005, 37, 895 – 900.

[5] Vampola A L, et al. Measuring energetic electrons – What works and what doesn't, in Measurement Techniques in Space Plasmas: Fields, Geophysical Monograph. Washington, DC: American Geophysical Union. 1998, 339 – 355 (103).

第 5 章　二次电子和背散射电子

第 1 章介绍了由于电子和离子之间的质量差异，环境中的电子电流远大于环境离子电流。因此，放置在空间等离子体或实验室等离子体中的物体，相较于离子来说，会拦截更多的电子。就电子和离子二者间的相互作用而言，若考虑到环境中的电子和离子的作用，放置在等离子体中的物体可能会充电至负电势。当情况涉及不仅仅只有这两种粒子时，物体不一定会充电至负电势。

5.1　二次电子

二次电子在航天器充电中至关重要。当电子撞击原子时，视可用的能量情况，将其部分能量 E 传递给原子，导致激发或电离。同样地，当电子撞击固体时，电子会进入一定深度，从而将其能量 E 传递给固体中的带电粒子，从而产生二次电子。

对于撞击固体表面的入射电子，从固体表面产生二次电子数量是一个随机量，其值用 $\delta(E)$ 来描述，具体取决于能量 E 及固体的性质。$\delta(E)$ 可以大于或小于 1。对于高度复杂的计算，还需初级电子的入射角，但此类数据可能无法获取。对于大多数场景，无须考虑入射角。

入射电子也称为原电子。$\delta(E)$ 也称为二次电子发射系数或二次电子产额（SEY）。实验室中，它可用出射电子数除以入射电子数进行统计测量。关于二次电子的参考文献，参见 Dekker（1958）；Darlington 和 Cosslett（1972）；Sanders 和 Inouye（1978）；Scholtz 等人（1996）；Cazaux（2005）；Lin 和 Joy（2005）。

图 5-1 展示了 $\delta(E)$ 作为原电子能量 E 函数的典型曲线图。对于大多数材料，该图具有两个交叉点 E_1 和 E_2 及一个最大值 E_{max}。通常，E_1 约为 35～45 eV，E_2 约为 700～2 000 eV，具体取决于材料性质。如果 δ_{max} 小于 1，则无

E_1 和 E_2 交叉点。在能量范围内，E_1 到 E_2，$\delta(E) > 1$，意味着入射电子可能产生多个出射（二次）电子。在此范围内，出电子流超过入电子流，意味着可能产生正电压充电。而二次电子的能量通常只有几电子伏，所以产生的正电压很低。若充电电压超过几个正电压，二次电子将无法离开。

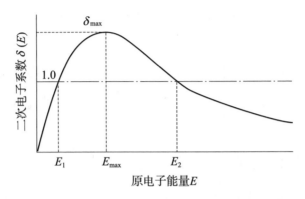

图 5-1　典型的 SEY$\delta(E)$ 曲线。对于多数材料，有两个交叉点 E_1 和 E_2，$E_{\max}$ 处还有一个 $\delta_{\max}$。当 E 超过 $E_{\max}$ 时，$\delta(E)$ 曲线单调递减

从物理的角度来理解，若原电子的能量不够，其将无法产生一个或更多个二次电子。对于某些材料，$\delta_{\max}$ 最大值可以达到 2 甚至更大，即每个进入的初级电子可产生两个或更多个二次电子。若初级电子能量很大，其穿透材料深度过大，以至于产生的二次电子无法穿出，这便是为什么超过最大值后曲线呈单调递减趋势。

由于原电子与许多的带电粒子、等离子模式共享其能量，二次电子通常只有几电子伏的能量。

还需注意，若材料很薄，二次电子可能会从材料的背面找到出射口。

5.2　背散射电子

入射粒子作为背散射电子弹性反弹出去的比率 $\eta(E)$ 很小。比率 $\eta(E)$ 也称为背散射电子系数（BEY）。背散射电子与二次电子有两个不同特征：1）背散射电子具有与原电子几乎相同的能量，而二次电子具有不同的能量分布；2）$\eta(E)$ 永远不会大于 1，通常很小。

近年来研究人员指出，在极低的原电子能量（几电子伏）下，$\delta(E)$ 应接近 0，因为能量需要克服功函数。但是，实验数据似乎显示在低能量下，$\delta(E)$ 非零，因此研究人员指出，低能时散射的电子实际上是背散射电子。换言之，在分析实验数据时，$\delta(E)$ 实际上与 $\eta(E)$ 混淆在一起。此观点有着理论和实验数据支撑（Jablonski 和 Jiricek，1996；Cazaux，2012；Cimino 等人，2008，2012）。

对于航天器充电，通常不区分 $\delta(E)$ 和 $\eta(E)$ ——这是非常好的。对于实际情况，将 $\delta(E)+\eta(E)$ 视为材料表面出射电子所占的总比率即可。

5.3　输入和输出电通量

到达航天器表面的电通量 J 用下式表示

$$J = qnv \tag{5-1}$$

式中，q、n 和 v 分别是电子密度、电荷和速度。若电子速度不同，但符合分布 $f(v)$，则电通量 J 可表示为速度的积分。

$$J = q\int_0^\infty f(v)v\mathrm{d}^3v \tag{5-2}$$

在极坐标系中，式（5-2）的通量 J 如下

$$J = q\int_0^\infty v^2\mathrm{d}v\int_0^{\frac{\pi}{2}}\mathrm{d}\varphi\int_0^{2\pi}\sin\varphi f(v)v\mathrm{d}\theta \tag{5-3}$$

麦克斯韦速度分布 $f(v)$ 具有以下形式

$$f(v) = n\left(\frac{m}{2\pi kT}\right)^{\frac{3}{2}}\exp\left(-\frac{mv^2}{2kT}\right) \tag{5-4}$$

式中，m 是电子质量；k 是玻耳兹曼常数；T 是电子温度。由于电子的能量相较于速度更易测量，所以我们通常选用 E 代替 v 作为变量。将电子速度分布表示为 $f(E)$，其中 $E = \frac{1}{2}mv^2$。

$$f(E) = n\left(\frac{m}{2\pi kT}\right)^{\frac{3}{2}}\exp\left(-\frac{E}{kT}\right) \tag{5-5}$$

使用 E，将式（5-3）中的入射电通量 J 以下列形式表示

$$J = q \int_0^\infty E \, dE \int_0^{\frac{\pi}{2}} d\varphi \int_0^{2\pi} \sin\varphi f(E) \, d\theta \tag{5-6}$$

出射和入射电通量之间的平衡关系可写为

$$q \int_0^\infty E \, dE \int_0^{\frac{\pi}{2}} d\varphi \int_0^{2\pi} \sin\varphi f(E) \, d\theta = q \int_0^\infty E \, dE \int_0^{\pi/2} d\varphi \int_0^{2\pi} \sin\varphi f(E) [\delta(E) + \eta(E)] \, d\theta \tag{5-7}$$

式中，$\delta(E)$ 和 $\eta(E)$ 是二次和背散射电子产额。对于正入射，不需详细说明二次和背散射电子产率的角度依赖关系。由于 q 和式（5-7）中的角度在两侧相互抵消，电通量平衡方程变为（Lai，2013a）

$$\int_0^\infty E f(E) \, dE = \int_0^\infty E f(E) [\delta(E) + \eta(E)] \, dE \tag{5-8}$$

该电流平衡方程［方程式（5-8）］对于航天器充电非常重要。此方程的详细内容将在下一章中讨论。

5.4　SEY 和 BEY 的经验公式

式（5-9）中的 Sanders 和 Inouye - SEY 公式（1978）简单实用。

$$\delta(E) = c \left[\exp\left(-\frac{E}{a}\right) - \exp\left(-\frac{E}{b}\right) \right] \tag{5-9}$$

式中，$a = 4.3 E_{\max}$，$b = 0.36 E_{\max}$，$c = 1.37 \delta_{\max}$。

Prokopenko 和 Laframboise - BEY 公式（1980）如下

$$\eta(E) = A - B \exp(-CE) \tag{5-10}$$

式中，参数 A、B 和 C 取决于材料材质。

SEY 和 BEY 公式会时不时更新，其中一些公式通过更仔细地测量或更好地数据拟合得出。然而，使用不同的公式其结果也不尽相同。

最近的研究表明，SEY 和 BEY 不仅取决于固体材料特性，而且很大程度取决于表面条件，如表面光滑度、污染度、清洁度、擦洗情况、温度等。

如图 5-2 和图 5-3 所示，表面条件可显著影响表面的 SEY 和 BEY。反过来，SEY 和 BEY 会影响航天器充电（图 5-4）。

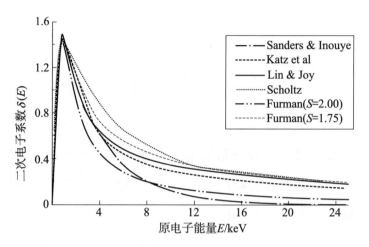

图 5-2 利用不同 SEY $\delta(E)$ 公式，获得黄金材料的不同测试结果
（来自 Lai，2010，美国政府工作报告，无版权）

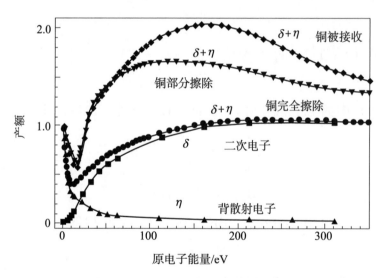

图 5-3 Cimino（2006）测试方法

［在欧洲核子研究所（CERN）用铜，测量二次电子系数 SEY$\delta(E)$ 的结果。

除原电子能量低于 40 eV 外，背散射系数 $\eta(E)$ 极低。

资料来源：来自 Cimino（2006），经爱思唯尔许可转载］

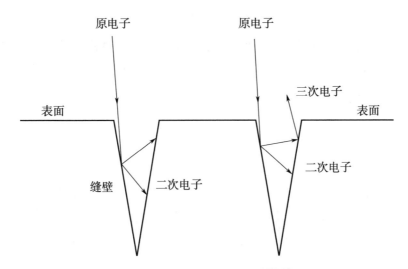

图 5 - 4　粗糙表面的二次电子产额会减少。二次电子可能撞击缝壁。由于二次电子的能量较低，因此产生三次电子的概率较低

5.5　研究问题

该领域存在部分有趣的研究问题。SEY 很大程度上取决于表面条件。

H+ 对高轨道（例如地球同步轨道）的航天器表面的高能冲击，会消除低轨道原子氧轰击造成的表面污染。

习题

1. 用等式（5-9）中提供的 Sanders 和 Inouye 的 SEY 公式（1978），计算 SEY$\delta(E)$ 的导数，然后使 d$\delta(E)$/dE = 0，应满足 $E = E_{max}$。验证系数 a 和 b 与基于导数求 E_{max} 方法一致。

2. 入射电子或离子的通量 J 可表示为

$$J = \int_0^\infty E f(E) dE$$

式中，$f(E)$ 是电子或离子能量分布。若上述方程忽略在航天器充电过程中的不变常数 π 和 m，则可写成

$$J = \int_0^\infty K(E) dE$$

式中，$K(E)$ 称为微分通量。

如果用 $\log K(E)$ 与 E 的关系图替代 $\log f(E)$ 与 E 的关系图，那么离子间隙和隐藏电子数量的特性，能否在 $\log K(E)$ 与 E 的关系图中同样出现？

3. 如果二次电子系数增加（即 δ_{max} 增加），则净电子通量增加还是减少？

参考文献

［1］ Cazaux J. A new model of dependence of secondary electron emission yield on primary electron energy for application to polymers. Journal of Physics D: Applied Physics，2005，38，2433 - 2441.

［2］ Cazaux J. Reflectivity of very low energy electrons (< 10 eV) from solid surfaces: Physical and instrumental aspects. Journal of Applied Physics，2012，111，064903.

［3］ Cimino R. Surface related properties as an essential ingredient to e - cloud simulations. Nuclear Instruments and Methods in Phys Res A，2006，272 - 275 (561).

［4］ Cimino R，M Commisso，et al. Electron energy dependence of scrubbing efficiency to mitigate e - cloud formation in accelerarors. Italy. Genoa: Proceedings of EPAC08，2008.

［5］ Cimino R，et al. Nature of the decrease of the secondary - electron yield by electron bombardment and its energy dependence. Phys Rev Lett. 2012，109 (6).

［6］ Darlington E H，Cosslett V E. Backscattering of 0.5~10 keV electrons from solid targets. Journal of Physics D: Applied Physics，1972，5，1969 - 1981.

［7］ Dekker A J，et al . Secondary electron emission，in Solid State Physics. New York: Academic Press. 1958，vol. 6.

［8］ Jablonski A，Jiricek P. Elastic Electron Backscattering from Surfaces at Low Energies. Surface and Interface Analysis，1996，24，781 - 785.

［9］ Lai S T. Spacecraft charging: Incoming and outgoing electrons, Report: CERN - 2013 - 002, pp. 165 - 168, ISBN: 978 - 92 - 9083 - 386 - 4，ISSN: 0007 - 8328. http: //cds. cern. ch/record/1529710/files/EuCARD - CON - 2013 - 001. pdf

［10］ Lin Y，Joy D C. A new examination of secondary electron yield data. Surface and Interface Analysis，2005，37.

［11］ Sanders N L，G T Inouye. Secondary emission effects on spacecraft charging:

Energy distribution consideration，in Spacecraft Charging Technology. Washington，D C：NASA，1978，747 - 755.

[12]　　Scholtz J J，Dijkkamp D，Schmitz R W A. Secondary electron emission properties. Philips J Res，50（3 - 4），375 - 389.

第6章 诱发航天器充电的临界温度

6.1 航天器充电初始电流平衡

第1章指出，等离子体中的电子通量远超离子通量，本章将使用此属性。考虑以下场景：处于低电子和离子能量空间环境中的不带电航天器，环境电子和离子不是单能的，具有分布特性。再假设电子温度逐渐升高，最终航天器开始充电。下面将讨论该过程的物理和数学解释。

如第1章所述，开始充电前，环境电子通量远超过环境离子通量。随后，负电压充电开始后，正离子被具有负电势的航天器吸引，随着充电量的增加，将产生越来越多的离子通量。但充电开始前，可以忽略离子通量。

考虑入射环境电子的电流与出射二次电子和背散射电子电流之间的电流平衡如下

$$\int_0^\infty Ef(E)\mathrm{d}E = \int_0^\infty Ef(E)[\delta(E) + \eta(E)]\mathrm{d}E \qquad (6-1)$$

此式与式（5-8）相同。为便于推理，此处假设电流垂直于表面。左侧是入射电子通量，右侧是出射电子通量。使用 Sanders 和 Inouye（1978）的 SEY$\delta(E)$ 公式，可得

$$\delta(E) = c\left[\exp\left(-\frac{E}{a}\right) - \exp\left(-\frac{E}{b}\right)\right] \qquad (6-2)$$

式中，$a = 4.3E_{max}$，$b = 0.36E_{max}$，$c = 1.37\delta_{max}$。

再使用 Prokopenko 和 Laframboise（1980）的 BEY$\eta(E)$ 公式，得

$$\eta(E) = A - B\exp(-CE) \qquad (6-3)$$

式中，参数 A、B 及 C 取决于材料性质。

对于环境电子，使用麦克斯韦分布 $f(E)$ 通常可得较好的近似值。

$$f(E) = n \left(\frac{m}{2\pi kT} \right)^{3/2} \exp \left(-\frac{E}{kT} \right) \qquad (6-4)$$

式中，m 是电子质量；k 是玻耳兹曼常数；n 是电子密度；T 是电子温度；E 是电子能量。将此三个公式，即式（6-2）～式（6-4）代入式（6-1），并从 0 到无穷大的整个能量 E 范围内积分。

6.2　两个重要特性

对 E 进行积分前，可知两个重要结果，如下所述。

1）从数学上讲，由于电子密度 n 同在方程的两侧，n 抵消。此结果意味着航天器充电的初始阶段与环境电子密度 n 无关。然而，结果与直觉相反，因为电子密度越高，航天器截获的电子越多。

从物理上讲，此结果意味着入射的电子越多，出射的电子越多，比例关系呈线性。

因此，入射和出射电子之间的电流平衡并不取决于环境电子密度。

2）从数学上讲，当密度 n 被抵消后，式（6-1）还剩哪些变量？能量 E 是积分变量，但积分是定积分，这意味着能量 E 在具有确定极限的积分后不再是变量。至于其他的符号，如 a、b、c、A、B 和 C，是给定材料表面的常数，而 m、k 和 π 始终是常数。因此，该式仅是温度 T 的函数。用 T^* 表示满足电流平衡等式（6-1）的解。

从物理上讲，若提高环境电子的温度，图 6-1（a）中的斜率就会减小。随着斜率减小，热电子越来越多。由于环境电子在撞击表面时起着原电子的作用，因此其会产生二次电子。随着温度 T 升高，热电子越来越多，二次电子越来越少。这是因为 SEY$\delta(E)$ 随着原电子能量 E 的增加而单调递减。若继续提高温度 T，一定存在临界温度 T^*，在该温度上每秒出射的二次电子比进入的原电子少。

另一种解释是考虑两组电子之间的竞争。在图 6-2（a）中，第 1 组中的电子大部分是出射的，而第 2 组中的电子大部分是入射的。随着温度 T 升高，产生越来越多的热电子。二次电子系数 $\delta(E)$ 随原电子能量 E 的增加单调递减

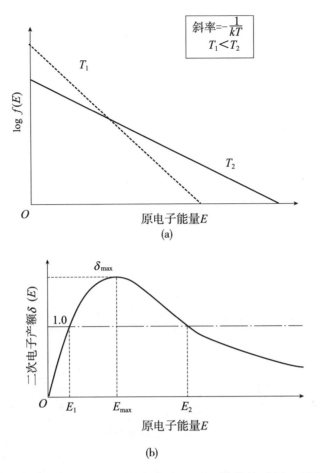

图 6-1   （a）原电子能量函数与麦克斯韦分布 log 函数的关系图。斜率为 $-1/(kT)$，
其中 T 是电子温度。当温度由 T_1 增加到 T_2 时，斜率减小，从而产生更多的热电子。
（b）二次电子系数的典型曲线。具有一个最大值 δ_{max}，超过该值，曲线 $\delta(E)$
（$E > E_{max}$）单调递减

（图 5-2 或图 6-4）。最终，在临界温度 T^*，第 2 组和第 1 组在竞争中打成
平局。因此若超过临界温度 T^*，第 2 组在竞争中获胜。

6.3   积分结果

Sanders 和 Inouye（1978）给出了电流平衡模型的二次电子系数描述 ［式
(6-1)］。Prokopenko 和 Laframboise（1980）给出了麦克斯韦空间环境中背
散射电子产额的描述，可以得到临界温度 T^* 的明确结果。为此，将式（6-

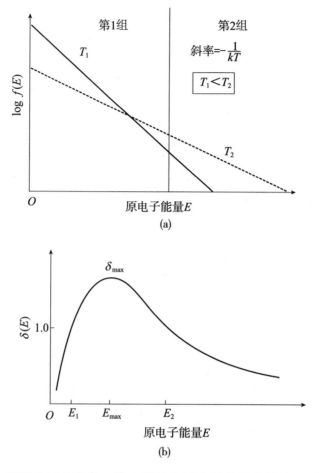

(a)

(b)

图 6-2　（a）两组电子的竞争。第 1 组的电子大部分是出射的，而第 2 组的电子大部分是入射的。随着温度 T 的升高，产生越来越多的热电子。（b）典型的 SEY $\delta(E)$ 曲线。二次电子系数 $\delta(E)$ 随原电子能量 E 的增大而单调递减。最终，在临界温度 T^* 位置，第 2 组和第 1 组打成平局。因此，在超过临界温度 T^* 后，第 2 组在竞争中获胜

2）～式（6-4）代入式（6-1）并进行积分。经过积分和少量代数运算，电流平衡方程（6-1）变成以下代数方程

$$c\left[\left(1+\frac{kT}{a}\right)^{-2}-\left(1+\frac{kT}{b}\right)^{-2}\right]+A-B\left(CkT+1\right)^{-2}=1 \qquad (6-5)$$

式（6-5）可通过数值求解，也可通过绘制等式左侧作为温度 T 函数的图形求解。函数交叉处为临界温度 T^*。

若倾向于使用其他二次电子系数或背散射电子系数公式，则可用首选公式代替式（6-2）和式（6-3），也可使用其他分布函数代替麦克斯韦分布。若

希望包括与角度相关的二次电子和背散射电子系数，则需包括与角度相关的系数。若有各向异性的空间等离子体分布函数，则积分将更困难。本书认为，本书案例［由式（6-1）～式（6-5）描述］是最简单的一个案例，目的是从教学角度展示物理现象和结果。

练习：1）由式（6-1）～式（6-5）推导式（6-5）。

2）练习以图形方式解式（6-5）。在图中，不要忘记寻找统一交叉点，而不是零交叉点。

6.4　各种材料的临界温度

对于给定的表面材料，以及航天器充电初始存在环境电子的临界温度 T^*。使用式（6-1）～式（6-4），可以计算具有已知特性的表面材料的临界温度 T^*，二次电子系数 $\delta(E)$ 和背散射电子产额 $\eta(E)$。表 6-1 显示了各种典型航天器表面材料的临界温度。

表 6-1　航天器充电开始的临界温度

	临界温度 T^*/keV	
材料	ISO 热	常温
镁	0.4	—
铝	0.6	—
聚酰亚胺薄膜	0.8	0.5
氧化铝	2.0	1.2
特氟龙	2.1	1.4
铜铍	2.1	1.4
玻璃	2.2	1.4
二氧化硅	2.6	1.7
银	2.7	1.2
氧化镁	3.6	2.5
氧化铟	3.6	2.0
金	4.9	2.9
铜铍（活化）	5.3	3.7
氟化镁	10.9	7.8

高于 T^* 时，航天器电势变为负值。随环境电子温度的进一步升高，航天器的负电势强度也随之增大。本书后续将讨论如何计算强度。

6.5　临界温度存在的证据

图 6-3 显示了洛斯阿拉莫斯国家实验室（LANL）地球同步卫星上获得的航天器充电数据。分别在平行和垂直于环境磁场的方向上测量电子温度 T_2 和 T_1。当温度较低时，航天器电势 ϕ 为 0。图 6-3 中可看到一条明显的临界温度 T^* 线（虚线），在虚线上面，可知负电势是有界的。

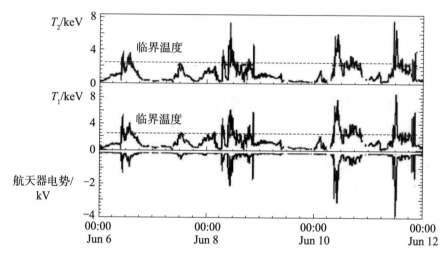

图 6-3　临界温度 T^* 存在的证据。若环境电子温度 T 低于 T^*，则不充电。若 T 高于 T^*，电势大小与 T 近似成正比（资料来源：Lai 和 Della Rose，2001，美国政府工作报告，无版权）

当环境电子温度达到临界值 T^* 时，航天器开始充电。若电子温度略高于临界值，或远高于临界值，航天器将持续充电。当环境电子温度下降到临界值 T^* 以下，航天器充电停止，这意味着航天器电势降至 0。

当温度升高到 T^* 以上，势能值相应升高。然而，正如 LANL 卫星观测所示（参见 Lai 图 5a，2001），没有证据表明充电电势与环境离子温度 T_i 有关。如第 1 章所述，环境电子通量通常比环境离子通量高两个数量级。因此，就航天器充电启动而言，环境离子的作用可以忽略不计。

如果航天器的负电势值变得更大，环境离子将在电流平衡中发挥更重要的作用。这一要点将在后续章节中讨论。

6.6　输入和输出麦克斯韦电流平衡

为什么可以在不考虑环境离子的情况下，通过输入和输出电子电流的平衡来确定临界温度 T^*？原因在于环境电子的通量大约比环境离子的通量高两个数量级。

高于临界温度 T^*，航天器充电至负电势 ϕ。在不考虑离子作用的情况下，输入和输出麦克斯韦电子流的平衡是否决定了有限的航天器电势 ϕ。此情况下，当前平衡方程式为

$$\int_0^\infty Ef(E+q\phi)\mathrm{d}E = \int_0^\infty Ef(E+q\phi)[\delta(E)+\eta(E)]\mathrm{d}E \qquad (6-6)$$

对于麦克斯韦分布，存在一个特性，即

$$f(E+q\phi) = f(E)\exp(-q\phi) \qquad (6-7)$$

由于指数项两侧相互抵消，电势 ϕ 从当前平衡等式（6-6）中消失。因此，在式（6-6）中，电势 ϕ 在数学上是不确定的。

从物理上讲，式（6-6）描述了带电势 ϕ 的航天器的入射电子通量和出射电子通量。由于电荷所带电势的排斥作用，分布函数 $f(E)$ 变为 $f(E+q\phi)$。式（6-6）不会只有唯一的 ϕ 解，原因在于无论 ϕ 为何值，输出通量与输入通量是成比例的。物理上讲，入射的电子越多，二次散射和背散射的电子也越多。因此，仅使用入射电子的平衡无法确定航天器电势 ϕ，需要在电流平衡中加入离子来确定电势。

习题

1. 使用等式（6-1）～式（6-4），推导代数形式的电流平衡方程

$$c\left[\left(1+\frac{kT}{a}\right)^{-2} - \left(1+\frac{kT}{b}\right)^{-2}\right] + A - B(CkT+1)^{-2} = 1 \qquad (6-8)$$

答案：

下面给出了代数形式电流平衡方程的数学推导过程，推导结果为临界温度 T^*。

假设：1）环境电子分布 $f(E)$ 为麦克斯韦分布；2）SEY$\delta(E)$ 由 Sanders

和 Inouye（1978）公式给出；3）BEY$\eta(E)$ 由 Prokopenko 和 Laframboise（1980）公式给出。它们分别为

$$f(E) = n\left(\frac{m}{2\pi kT}\right)^{3/2} \exp\left(-\frac{E}{kT}\right) \tag{6-9}$$

$$\delta(E) = c\left[\exp\left(-\frac{E}{a}\right) - \exp\left(-\frac{E}{b}\right)\right] \tag{6-10}$$

式中，$a = 4.3E_{\max}$，$b = 0.36E_{\max}$，$c = 1.37\delta_{\max}$

$$\eta(E) = A - B\exp(-CE) \tag{6-11}$$

式中，参数 A、B 和 C 取决于材料。推导中，假设环境电子能量范围从下截止 E_L 到上截止 E_U。此假设可能出现在某些地磁情况下（Thomsen 等，2002）。完整的环境电子能量范围是从 0 到无穷大。

分别考虑二次电子和背散射电子的作用，二次电子通量与原电子通量之比 S 可由下式得出

$$S = \frac{\int_{E_L}^{E_U} E\delta(E)\exp\left(-\frac{E}{kT}\right)\mathrm{d}E}{\int_{E_L}^{E_U} E\exp\left(-\frac{E}{kT}\right)\mathrm{d}E} \tag{6-12}$$

将 $\delta(E)$ 代入式（6-12），并对 E 积分，得到结果

$$S = c\left[\frac{K(a)}{\left(1+\frac{kT}{a}\right)^2} - \frac{K(b)}{\left(1+\frac{kT}{b}\right)^2}\right] \tag{6-13}$$

其中

$$K(x) = \frac{\left[(1+\alpha(x)E)\exp(-\alpha(x)E)\right]_{E_L}^{E_U}}{\left[\left(1+\frac{E}{kT}\right)\exp\left(-\frac{E}{kT}\right)\right]_{E_L}^{E_U}} \tag{6-14}$$

和

$$\alpha(x) = \frac{1}{x} + \frac{1}{kT} \tag{6-15}$$

对于完整的电子能量范围（0 到 ∞），比率 S 如下

$$\lim_{\substack{E_U\to\infty\\E_L\to0}} S = c\left[\left(1+\frac{kT}{a}\right)^{-2} - \left(1+\frac{kT}{b}\right)^{-2}\right] \tag{6-16}$$

背散射电子通量与原电子通量之比 R 由下式得出

$$R = \frac{\int_{E_L}^{E_U} E\eta(E)\exp\left(-\frac{E}{kT}\right)dE}{\int_{E_L}^{E_U} E\exp\left(-\frac{E}{kT}\right)dE} \tag{6-17}$$

将 $\eta(E)$ 代入式（6-17），并对 E 积分，得到结果

$$R = A - \frac{B}{(CkT+1)^2} \frac{\left[1+\left(C+\frac{1}{kT}\right)E\exp\left(-\left(C+\frac{1}{kT}\right)E\right)\right]_{E_L}^{E_U}}{\left[\left(1+\frac{E}{kT}\right)\exp\left(-\frac{E}{kT}\right)\right]_{E_L}^{E_U}}$$

$$\tag{6-18}$$

对于整个电子能量范围（0 到∞），比率 R 如下

$$\lim_{\substack{E_U \to \infty \\ E_L \to 0}} R = A - \frac{B}{(CkT+1)^2} \tag{6-19}$$

将式（6-16）和式（6-19）替换为电流平衡等式（6-1）。简单起见，假设电子能量范围为 0 到∞。因此，将式（6-16）和式（6-19）相加，得到以下简单的代数方程（Lai，1991，2001）

$$c\left[\left(1+\frac{kT}{a}\right)^{-2} - \left(1+\frac{kT}{b}\right)^{-2}\right] + A - B(CkT+1)^{-2} = 1 \tag{6-20}$$

请注意，Lai 和 Della Rose（2001）中的式（6-5）存在印刷错误。右侧应是归一的，如上所示。然而，2001 年的印刷错误并没有影响该论文的其余部分。

2. 利用电流平衡方程［式（6-20）］求出以下表面材料的临界温度：

材料	$E_{\max}/\text{keV}$	$\delta_{\max}$	Z	A	B	C
铝	0.30	0.97	13	0.16	0.30	0.34
金	0.80	1.45	79	0.48	0.36	0.61
特氟隆	0.30	3.00	8	0.09	0.00	0.00
氧化铟	0.80	1.40	24.4	0.28	0.08	0.54
氟化镁	0.85	6.38	10	0.13	0.02	0.34

参考文献

［1］ Lai S T. Space plasma temperature effects on spacecraft charging. Reno, NV: 39th AIAA Aerospace Science Mtg, AIAA - 2001 - 0404.

［2］ Lai S T. Spacecraft charging thresholds in single and double Maxwellian space environments. IEEE Transactions on Nuclear Science, 1991, 38, 1629 - 1634.

［3］ Lai S T, Della - Rose D J. Spacecraft Charging at Geosynchronous Altitudes: New Evidence of Existence of Critical Temperature. Journal of Spacecraft and Rockets, 2001, 38, 922 - 928.

［4］ Laciprete R, D R Grosso, R Flammini, R Cimino. The chemical origin of SEY at technical surfaces, in eCloud'12 Proceedings, ed By R Cimino, G Rumolo , F Zimmermann. CERN, Geneva: Joint INFN - CERN - EuCARD - AccNet Workshop on Electron - Cloud Effects, 2013, 99 - 104 (2).

［5］ Prokopenko S M, Laframboise J G. High - voltage differential charging of geostationary spacecraft. Journal of Geophysical Research, 1980, 85, 4125 - 4131.

［6］ Sanders N L, G T Inouye. Secondary emission effects on spacecraft charging: Energy distribution considerations, in Spacecraft Charging Technology. Hanscom AFB, MA: Air Force Geophysics Laboratory. 1978, 747 - 755.

［7］ Thomsen M F, Korth H, Elphic R. Upper cutoff energy of the electron plasma sheet as a measure of magnetospheric convection strength. Journal of Geophysical Research, 2002, 107.

第 7 章　表面条件的重要性

7.1　不准确的主要原因

表 6-1 中列出了各种表面材料的临界温度的近似值。准确度不足有以下几个原因。其中一个主要原因是，各种材料可用的经验二次电子系数 $\delta(E)$ 公式给出了不同的结果。另一个主要原因是，各种材料的二次电子系数极大程度上取决于表面条件。若想获得精确的数值来计算临界温度和航天器电势，需要准确地了解表面条件。

随着航天器充电研究的进展，可能还会出现其他原因。这些进展希望在未来得到研究。接下来对表面条件做出如下讨论。

7.2　二次电子系数公式

经验公式通过拟合实验数据得出，而实验过程通常非常细致。近年来，科研人员发现材料的表面条件对二次电子系数（SEY）有重要影响。

一些最佳且常用的经验二次电子系数 $\delta(E)$ 公式是 Sanders 和 Inouye（1978），Katz 等人（1986），Scholtz 等人（1996），Lin 和 Joy（2005）中所采用的公式。若使用这些公式来计算给定材料的 SEY，会得出不同的结果，值得注意的是，所有公式都正确地给出 SEY$\delta(E)$ 图的位置 E_{max} 和振幅 δ_{max}。图 5-2 显示了从上述 4 个参考文献中获得的表面材料（金）的 $\delta(E)$ 结果。对于 Furman 等人（1997）的结果，针对不同的表面参数得到了两种不同的表面参数公式。值得注意的是，使用不同的 $\delta(E)$ 公式得到的结果不同。

因此，如图 7-1 所示，使用不同的 SEY$\delta(E)$ 公式计算所得的临界温度

T^* 值均不同。这里出现了一个很好的问题：如何选择一个可用的最佳 SEY$\delta(E)$ 公式？这就需要了解表面条件。

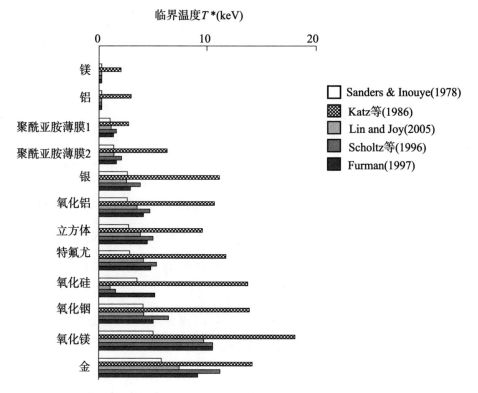

图 7-1　使用各种最佳 $\delta(E)$ 函数计算航天器充电初始的临界温度 T^*

图中使用的 Furman 公式中的曲面参数为 $S = 1.75$

（资料来源：Lai，2010 年，美国政府工作报告，无版权）

7.3　表面条件

表面的化学污染会严重影响 SEY（Laciprete 等人，2013）。在瑞士日内瓦的欧洲核子研究中心（CERN）进行的实验发现：擦洗后与擦洗前的表面相比，SEY 有显著差异（Cimino 等人，2012）。CERN 对 SEY 非常关注，因为 CERN 的加速管长达数英里，内部可能存在由电子碰撞或韧致辐射产生的二次电子。二次电子会干扰被加速的带电粒子轨迹（Cimino 等人，2004）。

对于不均匀、不平坦的表面，SEY$\delta(E)$ 是不同于均匀平坦表面的。例如，若表面平滑呈波浪状，则有效表面积大于均匀平坦表面的有效表面积（图 7-2）。接收原电子的概率略增大，二次电子更容易找到出路并逃逸。因此，SEY$\delta(E)$ 可能会增大。

图 7-2　光滑的波浪状表面 [有效表面积大于平面，导致二次电子系数 $\delta(E)$ 增大]

相反，具有许多划痕的表面可能会使 SEY$\delta(E)$ 减小。以图 5-4 为例，显而易见，二次电子在划痕缝隙中产生，并撞击缝隙壁。二次电子不太可能产生三次电子，是因为二次电子充当了产生三次电子的原电子。二次电子的能量在几 eV 到 15 eV 之间。而能量在几 eV 至 15 eV 范围内的原电子，产生二次电子的概率非常低（图 5-1）。因此，裂缝内产生的二次电子被吸收，不会发射下一代（三次）电子。因此，划痕表面的 SEY$\delta(E)$ 减小。

CERN 的大型强子对撞机（LHC）使用了 Furman 公式（1997）来计算 SEY$\delta(E)$。该公式具有经验表面条件参数 s，可从待使用表面材料的 SEY$\delta(E)$ 的实际测量值中获得。Furman 公式（1997）如下

$$\delta(E) = \delta_{\max} \frac{s(E/E_{\max})}{s - 1 + (E/E_{\max})^s} \qquad (7-1)$$

$$E_{\max}(\theta) = E_{\max}(0)[1 + 0.7(1 - \cos\theta)] \qquad (7-2)$$

$$\delta_{\max}(\theta) = \delta_{\max}(0)\exp[0.5(1 - \cos\theta)] \qquad (7-3)$$

式中，$0° \leqslant \theta \leqslant 90°$ 是相对于表面法线测量的原电子入射角。经验参数 s 表征了给定表面材料的条件，并显著影响 SEY$\delta(E)$ 图。如图 7-3 所示，例如 $s = 1.3$、1.45、1.60、1.75 及 1.90 的 SEY$\delta(E)$ 均使用了 Furman 公式及等式（7-1）进行了计算。

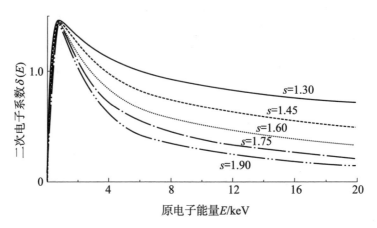

图 7-3　使用 Furman 公式（1997）计算黄金表面 SEY $\delta(E)$ 的示意图。
具有不同表面参数 s 的计算图不同，而最大值 δ_{max} 和最大值的位置 E_{max} 不受影响
（资料来源：Lai，2010，美国政府工作报告，无版权）

7.4　背散射电子系数

背散射电子系数（BEY）η，通常比 SEY 小得多，η 大约为 0.1 或更小，通常在计算中会被忽略。然而，近年发现，当原电子能量在 0～25 eV 之间时，η 随着原电子能量朝着 0 的方向降低而朝着 1 的方向上升（图 5-3）。有实验（Cimino 等人，2004；Cimino，2006）与量子计算（Jablonski 和 Jiricek，1996）验证了 BEY 在低能下的这种规律。

对于航天器充电场景，地球同步卫星不需要在低能（0～25 eV）下修改 η，因为该类卫星的电子能量通常很高（keV）。对于低能航天器场景，如反临界温度（Lai 和 Tautz，2008；Garnier 等人，2013），则需要对 η 进行修正。

7.5　航天器表面条件的应用

对于航天器充电，可使用一块表面条件与航天器上材料相同的试验材料，在实验室模拟空间条件下测量 SEY$\delta(E)$。即便如此，实际航天器材料的表面条件仍存在不确定性，因为空间环境会改变条件，例如电离层中的原子氧轰击，高能电子及离子轰击甚至穿透航天器表面，尤其是在极端地球空间事件

期间。

原子氧可能会改变表面顶层的化学成分。在地球同步轨道高度进行氢原子轰击会去除氧化层，但该论点必须在实验室模拟条件下进行证明，并提供理论支持，在撰写本书时似乎缺乏理论支持。

随着时间的推移，空间高能离子碰撞也可能导致表面粗糙。因此，会在表面形成微观裂缝，从而改变 SEY$\delta(E)$。

此外，卫星旋转时，卫星表面可能会经历交替的"明光暗影"的热应力。因此，曲面会偏离其原始几何体，变成波浪形，而且老化也是一个重要因素。

此外，若不同材料表面之间不时发生放电行为，则此类表面的条件会改变，从而改变 SEY$\delta(E)$。

上述问题为研究者提供了诸多后续研究方向。

习题

1. SEY 的减小是否有利于降低航天器充电水平？

2. 建议在需要减小 SEY 的情况下进行非空间应用。

参考文献

［1］ Cimino R. Surface related properties as an essential ingredient to e – cloudsimulations. Methods Phys Re A，2004，272 – 275 (561).

［2］ Cimino R，Collins I R，et al. Can low energy electrons affect high energy physics accelerators. Pattern Recognition Letters，2004.

［3］ Cimino R，M Commisso，et al. Nature of the Decrease of the Secondary – Electron Yield by Electron Bombardment and its Energy Dependence. Phys. Rev Lett，2012，109.

［4］ Furman M A. Comments on the electron – cloud effect in the LHC dipole bending magnets，1997.

［5］ Garnier P，Holmberg M K，et al. The influence of the secondary electrons induced by energetic electrons impacting the Cassini Langmuir probe at Saturn. Journal of Geophysical Research：Space Physics，2013，118，7054 – 7073.

［6］ Jablonski A，Jiricek P. Elastic Electron Backscattering from Surfaces at Low Energies. Surface and Interface Analysis，1996，24，781 – 785.

［7］ Katz I，Mandell M J，et al. The importance of accurate secondary electron yields in modeling spacecraft charging. Journal of Geophysical Research，1986，91，13739 – 13744.

［8］ Lai S T. Importance of Surface Conditions for Spacecraft Charging. J. Spacecraft & Rockets，2009，47，634 – 638.

［9］ Lai S T，Tautz M F. On the anticritical temperature for spacecraft charging. Journal of Geophysical Research，2007，113.

［10］ Lin Y，Joy D C. A new examination of secondary electron yield data. Surface and Interface Analysis，2005，37，895 – 900.

[11]　Sanders N L，G T Inouye. Secondary emission effects on spacecraft charging：Energy distribution consideration，in Spacecraft Charging Technology 1978. Washington，D C：NASA，1978，747 – 755.

[12]　Scholtz J J，D Dijkkamp，R W A Schmitz. Secondary electron properties，Philips J. Res，1996，Vol 50（3 – 4），375 – 389.

第8章 高能级航天器电势

8.1 超过临界温度

当环境电子温度超过临界温度时，环境热电子会显著增多，热电子的通量也相应增加。此时，航天器负电势 ϕ 值升高，环境正离子被吸引到航天器上。该情况下，离子电流成为影响电流平衡不可忽略的因素。

$$I_T(\phi) = I_e(0)[1 - \langle \delta + \eta \rangle]\exp\left(-\frac{q_e\phi}{kT_e}\right) - I_i(0)\left(1 - \frac{q_i\phi}{kT_i}\right)^\alpha = 0 \quad (8-1)$$

式中

$$\langle \delta + \eta \rangle = \frac{\int_0^\infty Ef(E)[\delta(E) + \eta(E)]\mathrm{d}E}{\int_0^\infty Ef(E)\mathrm{d}E} \neq 1 \quad (8-2)$$

式（8-1）中，$I_T(\phi)$ 为总电流；$I_e(\phi)$ 为环境电子电流；$\phi(<0)$ 是航天器电势；$q_e(<0)$ 是电子电荷；$q_i(>0)$ 是正离子电荷；k 是玻耳兹曼常数；T_e 是电子温度；T_i 是离子温度。由于 $\phi<0$，括号中带 α 指数的最后一项为正。最后一项被称为 Mott-Smith 与 Langmuir's（1926）受限轨道吸引项，其中 $\alpha = \frac{1}{2}$ 表示长圆柱体，$\alpha=1$ 表示球体，$\alpha=0$ 表示大型平面。使用电子束方法，可得到 SCATHA 卫星的指数 $\alpha=0.75$（Lai，1994）。

式（8-2）是二次电子和背散射电子的归一化输出电流，分母是输入的环境电流 $I_e(0)$。

$$I_e(0) = \int_0^\infty Ef(E)\mathrm{d}E \quad (8-3)$$

电流达到平衡要求，总电流 $I_T(\phi) = 0$。式（8-1）的解为负值的航天器电势 ϕ。可通过绘制总电流 $I_T(\phi)$ 的曲线图来求解该方程，即式（8-1）的左侧部分。该曲线与 x 轴相交的点为航天器电势 ϕ，如图 8-1 所示。

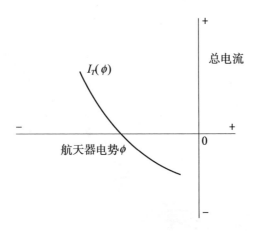

图 8-1　电流平衡方程 $I_T(\phi)=0$ 的图解。当航天器的电势 ϕ 为负，且有更多的正离子进入航天器，则 $I_T(\phi)$ 位于 $x-y$ 平面上的上半部分，其值为正。若进入的电子比离子多，则 $I_T(\phi)$ 位于下半平面上。当 $I_T(\phi)=0$ 时，曲线与 x 轴相交的点为航天器电势

8.2　离子诱导的二次电子

当温度低于临界温度时，航天器不带电，因此环境电子通量超过环境离子通量近两个数量级（图 1-4）。当温度高于临界高温时，如图 8-2 所示，航天器被高能环境电子充电至负电势。根据式（8-1）中包含离子元素的指数项 a，高负电势 ϕ 吸引环境正离子。由于离子电荷 q_i 为正，则离子项为正且大于 1，而此时电势 ϕ 为负。因此，离子通量随着航天器电势 ϕ 的增加而增加。需要注意的是，式（8-1）中最后一项分母中有一个离子温度 T_i，这意味着离子通量随着离子温度 T_i 的增加而减少。根据 Mott-Smith 与 Langmuir's（1926）的受限轨道定理（图 3-2），当被吸引的离子角动量太大，而离子太快或太远时，其会错过中心目标。

正离子碰撞产生的二次电子系数 ISEY$\gamma_i(E)$（Katz 等人，1977；Whipple，1981）如下：

$$\gamma_i(E)=2\,\gamma_m\,\frac{(E/E_m)^{\frac{1}{2}}}{1+E/E_m} \tag{8-4}$$

式中，γ_m 是能量 E_m 的最大 ISEY。例如，根据式（8-4），氧化铝（Al_2O_3）

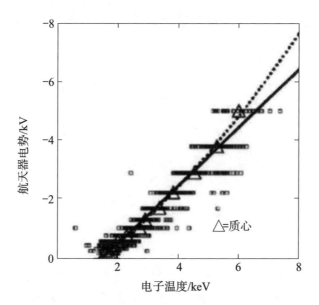

图 8-2　在 1993 年至 2001 年的 9 月 14 日—9 月 29 日，日食期间在 LANL-1990-095 号
航天器上测得的航天器电势和电子温度。其中质心是相同电压水平上所有点的平均温度
（数据来源：Lai 和 Tautz（2006）第五部分）

的 ISEY 值 $\gamma_i(E)$ 为

$$\gamma_i(E) = 1.36 \frac{E^{\frac{1}{2}}}{1 + E/40} \tag{8-5}$$

包括离子诱导的二次电子，总电流等式（8-1）变为

$$I_T(\phi) = I_e(0)[1 - \langle \delta + \eta \rangle] \exp\left(-\frac{q_e \phi}{kT_e}\right) - I_i(0)\left(1 - \frac{q_i \phi}{kT_i}\right)^{\alpha}[1 + \langle \gamma_i \rangle] \tag{8-6}$$

式中，归一化电子诱导的二次电子电流 $\langle \delta + \eta \rangle$ 由等式（8-2）给出，归一化
离子诱导的二次电子电流如下

$$\langle \gamma_i \rangle = \frac{\int_0^\infty E f_i(E) \gamma_i(E) dE}{\int_0^\infty E f_i(E) dE} \tag{8-7}$$

式中，$f_i(E)$ 是离子分布函数；$I_i(\phi)$ 是环境离子电流；ϕ 是航天器电势。

$$I_i(0) = \int_0^\infty E f_i(E) dE \tag{8-8}$$

有关离子诱导二次电子最新参考文献，请参见 Hasselkamp 等人（1986）、

Rajopadhye 等人（1986）及 Baragiola（1993）。

8.3　Kappa 分布

当能量远超临界温度时，空间等离子体往往偏离麦克斯韦分布。此处分析一些来自 LANL（洛斯阿拉莫斯国家实验室）卫星的数据，Lai 和 Tautz（2006）的图 3-5 中，航天器电势从大约 5 keV 以上的电子能量开始的直线向上偏离。相比之下，式（8-1）表明：随着负电势值的升高，排斥电子的力越来越大，离子电流变得更重要。当航天器处于球体到圆柱体之间的某种状态时，指数 α 约为 $1 \sim \frac{1}{2}$。但是，Lai 和 Tautz（2006）的观测数据向上偏离。向上的偏移不能用离子诱导的二次电子解释，因为它们会使 Lai 和 Tautz（2006）中图 3-5 的曲线向下弯曲。因此，图中观察到的数据表明，当电子能量高于约 5 keV 时，不再是麦克斯韦分布。

这种分布可能演化为一种类麦克斯韦分布的形式，相对于麦克斯韦分布来说，在尾部的能量更高。此情况下，分布大多数时候被描述为 Kappa 分布 $f_{\kappa}(E)$（Vasyliunas，1968；Meyer-Vernet，1999），如下

$$f_{\kappa}(E) = n \frac{\Gamma(\kappa+1)}{\Gamma(3/2)\Gamma\left(\kappa-\frac{1}{2}\right)} \left[\left(\kappa-\frac{3}{2}\right)T_{\kappa}\right]^{-\frac{3}{2}} \left[1 + \frac{E}{(\kappa-3/2)T_{\kappa}}\right]^{-(\kappa+1)}$$

$$(8-9)$$

该分布函数随着 Kappa 温度 T_{κ} 而变化，通过如下关系与物理温度 T 相关（图 8-3）

$$T_{\kappa} = \frac{\kappa}{(\kappa-3/2)}T \qquad (8-10)$$

Kappa 参数范围为

$$\frac{3}{2} < \kappa < \infty \qquad (8-11)$$

当 $\kappa \to \infty$ 时，空间等离子体重新趋向麦克斯韦分布。为得到航天器充电的起始点，利用 $f_{\kappa}(E)$ 求解电流平衡方程。

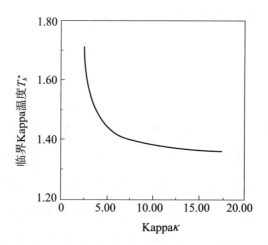

图 8 - 3　铜铍（未激活）的临界温度 T_κ^* 与 Kappa 的关系 （Lai，2008）

$$\int_0^\infty E f_{\kappa,e}(E) \exp\left(-\frac{q_e\phi}{kT_e}\right) \mathrm{d}E = \left(\frac{m}{M}\right)^2 \int_0^\infty E f_{\kappa,i}(E) \left[\delta(E) + \eta(E)\right] \left(1 - \frac{q_i\phi}{kT_i}\right) \mathrm{d}E$$

$$(8 - 12)$$

对于以二次电子系数 $\delta(E)$ 和背散射电子系数 $\eta(E)$ 为特征的每个给定表面材料，会产生一个临界 Kappa 温度 T_κ^*（Harris，2003；Lai，2008）。在 $\kappa \to \infty$ 的渐近线上，重新趋向麦克斯韦结果 T^*。还需注意，电流平衡方程两侧的密度 n 相互抵消。

习题

若试图通过平衡流入和流出的电子通量来确定麦克斯韦空间等离子体中的航天器电势，那么计算出的电势是（a）正的，（b）负的，还是（c）不确定的？当前平衡模型中缺少了什么元素？

参考文献

[1] Baragiola R A. Principles and mechanisms of ion induced electron emission. Nuclear Instruments & Methods in Physics Research Section B – beam Interactions With Materials and Atoms, 1993, 78, 223 – 238.

[2] Harris J T. Spacecraft Charging at Geosynchronous Altitudes: Current Balance and Critical Temperature in a Non – Maxwellian Plasma. Wright – Patterson AFB: Air Force Institute of Technology, 2012.

[3] Hasselkamp D, Hippler S, Scharmann A. Ion – induced secondary electron spectra from clean metal surfaces. Nuclear Instruments & Methods in Physics Research Section B – beam Interactions With Materials and Atoms, 1986, 18, 561 – 565.

[4] Katz I, D E Parks, M J Mandell, et al. A Three dimensional dynamic study of electrostaticcharging in materials. Washington D C: NASA, 1977.

[5] Lai S T. Critical temperature for the onset of spacecraft charging; The fullstory. Seattle, W: AIAA Plasmadynamics Conf, 2008, (3782).

[6] Lai S T. An improved Langmuir probe formula for modeling satellite interactions with near geostationary environment. Journal of Geophysical Research, 1994, 99, 459 – 467.

[7] Lai S T, Tautz M F. High – Level Spacecraft Charging in Eclipse at Geosynchronous Altitudes: A Statistical Study. Journal of Geophysical Research, 2006, 111.

[8] Meyer – Vernet N. How does the solar wind blow? A simple kinetic model. European Journal of Physics, 1999, 20, 167 – 176.

[9] Mott – Smith H M, I Langmuir. The theory of collectors in gaseous dis – charges, Phys Rev. 1926, 28, 727 – 763.

[10] Rajopadhye N R, Joglekar V A, Bhoraskar V N, et al. Ion secondary electron emission from Al_2O_3 and MgO films. Solid State Communications, 1986, 60, 675 – 679.

[11]　Vasyliunas V M. A survey of low – energy electrons in the evening sector of the magnetosphere with OGO 1 and OGO 3. Journal of Geophysical Research，1968，73，2339 – 2385.

[12]　Whipple E C. Potentials of surfaces in space. Reports on Progress in Physics，1981，44，1197 – 1250.

第9章 航天器在日光下充电

9.1 光电效应

阿尔伯特·爱因斯坦（Albert Einstein）因发现光电效应而获得诺贝尔奖（参见 https：//en. wikipedia. org/wiki/Photoelectric _ effect）。光子（轻粒子）撞击表面可能会产生光电子，这一现象给航天器充电领域引入一些重要问题：

1）日光能在航天器表面产生光电子吗？

2）光电发射是否取决于表面特性和表面条件？

3）光电子电流是否为影响电流平衡的因素之一？

4）光电子电流如何影响航天器电势的测定？

5）日光仅从一个方向照射，而环境电子则来自各个方向，这是否会产生一些影响？

6）是否有抑制航天器在日光下充电的方法？

9.2 光电发射

不同波长的光具有不同的能量。光子的能量 E_{ph} 可通过其频率 ω 乘以普朗克常数 h 得到，即

$$E_{ph} = h\omega \tag{9-1}$$

要从表面产生光电子，必须使光子能量超过表面材料的功函数 W。此情况下，功函数 W 的行为类似于一个阈值。莱曼 α 谱线（图 9-1）是日光中最重要的紫外光谱线，其能量约为 10.2 eV，超过了地球同步轨道高度下典型航天器表面的功函数（约 3～4 eV）。不同材料具有不同功函数，有关表面材料功函数的列表，参见 CRC 化学和物理手册（2020 年）。

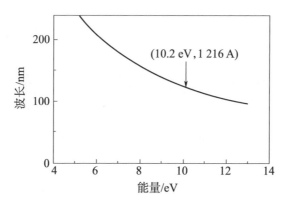

图 9-1　日光的莱曼 α 谱线的波长 ω 和能量 E_{ph}

考虑功函数 W 约为 4 eV 的表面材料。因为可见线具有较低的能量，而较高的能量线具有较低的振幅，则通常假设莱曼 α 谱线主要负责产生光电子（Kellogg，1980）。若功函数 $W = 4$ eV，则由莱曼 α 谱线产生的光电子如下

$$E_{ph} = 10.2 - W \approx 6.2 \text{ eV} \qquad (9-2)$$

若光电子离开材料时因碰撞而损失一些能量，则光电子的能量就会减少。碰撞产生的能量损失必须满足量子条件，在大多数情况下，由于损失很小，量子条件将被忽略。

9.3　光电子电流

航天器大部分时间都处于日光的照射范围，而在日食中的时间相对较少。负电势 ϕ 的航天器发射的光电子电流 I_{ph} 是参与电流平衡的重要因素。

$$I_e(\phi) + I_s(\phi) + I_B(\phi) + I_i(\phi) + I_{si}(\phi) + I_{ph}(\phi) = 0 \qquad (9-3)$$

式中，电流包括入射环境电子电流 $I_e(\phi)$、出射二次电子电流 $I_s(\phi)$、背散射电子电流 $I_B(\phi)$、入射环境离子电流 $I_i(\phi)$、出射离子诱导二次电子电流 $I_{si}(\phi)$ 和出射光电子电流 $I_{ph}(\phi)$。如果能解出式（9-3），便可算出航天器的电势。

地球同步轨道高度的环境电子通量 J_e 为 0.115×10^{-9} A/cm^2（Purvis 等人，1984），典型航天器表面的出射电子通量 J_{ph} 为 2×10^{-9} A/cm^2（Stannard 等人，1981），输出光电子电流 J_{ph} 比输入环境电子电流 J_e 大 20 倍左右。

$$J_{ph} = 20 J_e \qquad (9-4)$$

在式（9-3）中，哪个电流是主导电流？由于电流是通量乘以面积，而光电子通量超过环境电子通量较多，因此很明显光电子电流项 $I_{ph}(\phi)$ 比重较大。然而，这一情况引出另一问题："如果 $I_{ph}(\phi)$ 在式（9-3）中占主导地位，那么电流平衡是如何发生的？"这是因为所有其他电流总和不能与式（9-3）中的光电子电流 $I_{ph}(\phi)$ 匹配，因此无法平衡为零（图 9-2）。

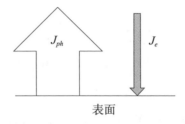

图 9-2　地球同步轨道高度光电子通量 J_{ph} 和环境电子通量 J_e 之间的差异。出射光电子通量 J_{ph} 平均约为入射环境电子通量 J_e 的 20 倍。航天器如何在日光下充电至负电势？

根据上述推理，通常认为，由于光电子电流远超所有电流，那么航天器在日光下不可能充电至负电势。然而，航天器操作员和研究人员不时从航天器仪器观察到，航天器确实会在日光下充电。原因将在 9.5 节中进行描述。

9.4　充电至正电势

由于日光产生的光电子能量通常只有几电子伏特（eV）。航天器的光电子充电通常仅为几伏（+V）。当充电水平 ϕ（+V）超过光电子能量 E_{ph} 时，光电子必须返回，导致其无法逃逸。

若有其他电流可与航天器日光照射表面发射的光电子电流相当，则应考虑所有大小相当的电流平衡，以获得平衡电势 ϕ。若光电子电流远大于所有电流，则电流平衡主要是在发射光电子电流和返回光电子电流之间。

因此，对于导电航天器而言，日光下的充电水平通常仅为几伏，如此低的数值预计不会对航天器上的科学测量设备或电子设备造成任何重大损害。

9.5　光电子产额

能量为 E 的每个入射光子产生的光电子数为光电子产额 [PEY，$Y(E_{ph})$]，此为概率问题，可通过多次实验测量获得较好的测量平均值。Feuerbacher 和 Fitton（1972）图 1 中显示了对不同表面材料产生的光电子产额 $Y(E_{ph})$ 测量的一些示例。

需注意，对于每种不同的表面材料（Feuerbacher 和 Fitton，1972），PEY $Y(E_{ph})$ 从 $Y(E_{ph})=0$ 开始，刚好高于表面材料的功函数能量 W，然后上升到峰值，再缓慢下降。

若入射光子不是单能光子，而是形成分布 $f(\omega)$，则光电子通量 J_{ph} 可以写成所有频率 ω 上的积分。

$$J_{ph}=\int_0^\infty f(\omega)Y(\omega)\mathrm{d}\omega \qquad (9-5)$$

式中，$f(\omega)$ 是入射太阳光子通量；光电子产额 $Y(\omega)$ 表示为光子能量 ω 与光子能量 E_{ph} 的函数，见式（9-1）。式（9-5）的积分也可从 $\omega=W/h$ 开始，因为低频光子能量不足以产生光电子。

如果频率为 ω 的太阳光子以不同的入射角 θ 入射，则光电子产额的函数也应与角度有关。在这种情况下，式（9-5）表示为

$$J_{ph}=\int_{-\pi}^\pi\int_0^\infty f(\omega,\theta)Y(\omega,\theta)\mathrm{d}\theta\mathrm{d}\omega \qquad (9-6)$$

式中，$f(\omega,\theta)$ 是与角度相关的光子通量；$Y(\omega,\theta)$ 是与角度相关的光电子产额函数。

9.6　表面条件

反射率 $R(\omega)$ 是影响光电子产额的重要因素。如果表面具有高反射性，光电子产额 $Y(\omega,\theta)$ 就会降低（Samson，1967）。

$$Y(\omega,\theta)=Y_0(\omega,\theta)[1-R(\omega,\theta)] \qquad (9-7)$$

式中，$Y_0(\omega,\theta)$ 是零反射率下的光电子产额；$R(\omega,\theta)$ 是反射率。在零反射率

下，$R(\omega,\theta)=0$。在完全的高（100%）反射率下，$R(\omega,\theta)=1$。式（9-7）表明，当反射率非常高（100%）时，$R(\omega,\theta)=1$，则光电子产额 $Y(\omega,\theta)=0$。

$$\lim_{R \to 1} Y(\omega,\theta) \to 0 \qquad (9-8)$$

9.6.1 重要属性 1

如果光电子产额 $Y(\omega,\theta)$ 为零，即使表面处于日光下，也不会从表面发射光电子通量 J_{ph}。

从物理学角度讲，入射光子能量可被反射光子带走。如果反射率 R 为 1 或接近 1，则大部分光子能量都被带走，在产生光电子的材料中几乎没有留下或很少，主要用于抵消消耗 W。

9.6.2 重要属性 2

如果没有发射光电子电流，则航天器表面会像在日食中一样充电至负电势。随着高能（keV）环境电子的进入，航天器表面在日光下或日食中可以充电至高电势（-kV）。这是一个有重要意义的属性。

如上所述，属性 2 是属性 1 的结果。若想在实验室中证明属性 2，则应首先证明属性 1。虽然属性 1 的物理性质似乎显而易见，但属性 2 的物理性质并不明显（Lai，2005；Lai 和 Tautz，2005，2006）。在撰写本书时，尚未有证明属性 2 的实验室报告出现。对于研究生来说，进行该类实验仍然是个研究机会。实验结果会很重要，因为它们将支持、反驳或澄清这些属性的有效性。

9.7 日光下的差异充电

本章将研究一个可能因不同表面反射率而产生差异充电的示例。假设地球同步卫星的两个相邻日光照射表面的反射率迥然不同，此时卫星处在有大量高能（keV）电子风暴的环境。两个卫星表面都明显接收到来自周围环境的热电子能量（keV）。如果没有光电子发射，则两个表面都会充电至高水平负电压（-kV）。

　　假设第一个卫星表面摆脱了发射光电子接收到的电子。只有当光子能够将其能量转移到表面材料，再发射光电子时，它才能做到这一点。如果第一个表面的光电子通量 J_{ph} 超过环境电子通量 J_e，则该表面不会产生表面负电荷。

　　另一方面，如果第二个表面具有非常高的反射率（R 接近 1），则几乎没有光子能量转移到表面材料以产生光电子。因此，第二个表面无法摆脱其从环境等离子体接收的表面电子。此时，第二个表面可能会充电至高（$-kV$）水平（图 9-3）。

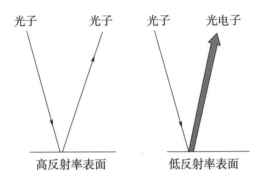

图 9-3　高反射率表面的光子反射（左）和低反射率表面的光电子反射（右）。在太空"热"等离子体环境中，它们的充电方式不同。高反射率表面在日光下会像在日食中一样充电到高电压，而具有光电子发射的表面可防止充电至负电压

9.8　差异充电的潜在场景

9.8.1　成对双向反射面

　　如果两个反射率不同的卫星表面彼此非常接近，则不同的电势会在两个表面之间形成强电场。本书将这种表面成对称的情况，称为成对双向反射面。此现象称为差异充电现象。就其本身而言，不同电压的相邻表面之间可能发生放电，也可能不发生放电。如果有触发放电的物质，则放电概率增加。例如，当靠近两个表面的区域或两个表面之间存在中性气体电离时，放电概率会增加。或在电压相差悬殊的表面之间存在等离子体时，放电概率也会增加，这种情况称为三重结（Cho，2011 年）。

9.8.2　日食结束

另一潜在场景中，考虑卫星上的成对双向反射面，从黄昏侧进入日食（地球阴影），然后从日食退出到早晨侧。黄昏时，环境电子通常没有能量，因此两个表面均不会充电到高负电势。在日食内部，它们会遇到高能环境电子（keV），这些电子会从地磁尾向日光移动，最终在没有任何光电子发射的情况下，两个表面都可以充电到高负电压。在日食结束后，环境电子可能在凌晨时分充满能量（keV），此时"热"电子冲击两个表面。最终具有高反射率的表面不发射光电子，因此在日光下会产生高负电势。同时，另一低反射率表面吸收了太阳光子能量并将其转换为光电子发射。此时，该表面不会充电到高负电压。因此，就有了两个表面之间的差异充电现象。这种情况会对放电甚至对电子操作异常构成危险。本文作者了解到一个知识：在日食结束之后发生异常的风险可能比在日食进入之前大（图 9 - 4）。

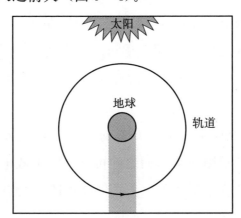

图 9 - 4　日食开始和结束。一颗卫星从黄昏一侧进入日食，从黎明一侧退出。

在清晨（右侧），环境电子更加活跃。图中箭头表示卫星的行进方向

9.9　总　结

本章的几个要点总结如下：

1）光电效应。频率为 ω 的光子撞击卫星表面会产生光电子 E_{ph}，光子能量 $h\omega$ 被转换为光电子的动能，从表面产生光电子所需的能量至少是表面材料

的功函数能量 W。

2）光电子能。功函数 W 类似于阈值。对于典型的航天器表面材料，W 约为 $3 \sim 4$ eV。阳光的显著紫外光谱线是莱曼-阿尔法线，其值为 10.2 eV。航天器表面发射的光电子能量很低，只有几电子伏。

3）光电子通量。航天器表面发射的光电子通量约为 2×10^{-9} A/cm²，是地球同步轨道空间环境下平均环境电子通量 0.115×10^{-9} A/cm² 的 20 倍左右。

4）航天器光电充电。光电子电流包含所有入射、射出航天器的电流之和，所有电流的平衡，控制着航天器的电势。由于光电子通量超过了所有通量总和，因此不存在平衡。但是，光电子的能量只有几电子伏，所以当航天器电势达到几伏（正）时，光电子会返回航天器。电流平衡主要取决于输出和返回光电子电流。事实上，航天器在阳光下对航天器表面的导电充电通常只有几伏的正电压。

5）表面反射率。a）对于具有高反射率的表面，反射光子有效地带走了光电发射所需的能量。因此，高反射率表面应具有低的或没有光电发射。b）如果存在"热"电子，则高反射表面应通过"热"电子的轰击充电至高负电压。因此，它们能够像在日食中一样在阳光下充电到高负电势。该理论需要通过实验进行验证。

6）日光下的差异充电。如果两个具有不同特性（如反射率）的相邻表面充电到迥然不同的电势，则两个表面之间可能会发生放电。当存在可能触发放电的因素时，放电风险会增加。"三重结"和"日食结束"是可能存在放电风险的差异充电场景。

习题

1. 假设能量为 2 eV 的光子入射到功函数为 3.5 eV 的表面上，能产生光电子吗？

2. 假设从表面发射能量为 2 eV 的光电子，并且环境电子通量远小于光电子通量，是否产生正电压充电？最大充电电势是多少？

参考文献

［1］ Cho M. Surface discharge on spacecraft，in Spacecraft Charging，Progress in Astronautics and Aeronautics. Reston，VA，USA：AIAA Press，2011，(237).

［2］ J Rumble. CRC Handbook of Chemistry and Physics：UK，CRCPress，2020，(101).

［3］ Feuerbacher B，B Fitton. Experimental investigation of photoemission from satellite surface materials. Appl Phys，1972，43，1563 – 1572.

［4］ Kellogg P J. Measurements of potential of a cylindrical monopole antenna on a rotating spacecraft. Journal of Geophysical Research，1980，85，5157 – 5161.

［5］ Lai S T. Charging of mirror surfaces in space. Journal of Geophysical Research，2005，110.

［6］ Lai S T，Tautz M F. Aspects of Spacecraft Charging in Sunlight. IEEE Transactions on Plasma Science，2006，34，2053 – 2061.

［7］ Lai S T，M Tautz. Why do spacecraft charge in sunlight? Differential charging and surface condition，In Proceedings of the 9th Spacecraft Charging Technology Conference，Tsukuba，Japan：JAXA – SP – 05 – 001EPaper，2005，(9) 10.

［8］ Purvis C K，Garrett H B，Whittlesey A C，et al. Design guidelines for assessing and controlling spacecraft charging effects. NASA Tech，1984，2361.

［9］ Samson J A，Ballard S S. Techniques of Vacuum Ultraviolet Spectroscopy. Physics Today，1967.

［10］ Stannard P R，I Katz，M J Mandell，et al. Analysis of the charging of the SCATHA (P78 – 20) satellite，NASA Technical Report Server，1981.

第 10 章　单极-偶极模型

10.1　简介

由于航天器大部分时间都在日光下飞行，则日光下充电是重要的研究课题（见第 9 章）。对于所有表面均导电的航天器，由于电子在几乎没有电阻的情况下移动，因此其电势是均匀的。由于航天器表面发射的光电子通量通常超过了环境电子的光电子通量，因此导电航天器的电势通常只有几伏（正）（Kellogg，1980；Lai 等人，1986）。

对于表面大多为电介质（非导电）的航天器，其电势并不均匀。环境电子从各个方向入射，而日光只从太阳的方向入射。虽然日光面和阴影面都可接收高能的环境电子（keV），但只有日光面可以发射光电子，而阴影面不能。由于从日照面射出的光电通量 J_{ph} 平均超过射入环境电子通量 J_e 约 20 倍（见第 9 章），因此表面将充电至正电势。

$$J_{ph} \approx 20J_e \qquad (10-1)$$

由于阴影侧不接收太阳光，只接收环境电子，因此阴影面不发射光电子，可以充电到高负电势（−kV）。最终导致航天器充电分布不均匀，其一侧充电至低正电势，而另一侧可充电至高负电势（图 10-1）。

在日光侧，高电平的负电势与低电平的正电势（几伏）相比，阴影侧的高负电势轮廓可以包络到日光侧。当包络完成时，负电势会阻止光电子逃逸，从而导致光电子能量只有几电子伏。因此，整个卫星均可能充电至负电势。

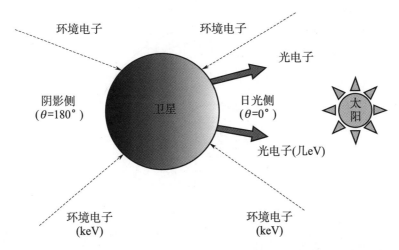

图 10-1　输入环境电子和输出光电子。环境电子来自各个方向，但出射的光电子仅来自阳光照射面

10.2　单极-偶极模型

单极-偶极模型（Besse 和 Rubin，1980）是物理描述和分析计算的便捷方式，大致描述了这种电荷分布，具体如下

$$\phi(\theta,r) = K\left(\frac{1}{r} - \frac{A\cos\theta}{r^2}\right) \qquad (10-2)$$

式中，ϕ 是点（θ，r）处的势；太阳角 $\theta = 0°$ 是太阳方向；径向距离 r 是距离卫星中心的距离；K 是单极强度；A 是归一化偶极强度。右侧的第一项是单极项，第二项是偶极项。

图 10-2 所示为从式（10-2）中获得的电势等值线示例，其中参数 $A = 3/4$。依此类推，左侧的等高线为 -50 V，-70 V，-80 V，-90 V。在（$r = R_S$，$\theta = 0°$）位置势垒形成一个鞍点。在图 10-2 中，鞍点位于与自身相交的 -80 V 轮廓的子午线（$\theta = 0°$）。$\theta = 0°$ 和 $\theta = 180°$ 时的表面电势分别为 -60 V 和 -420 V。

势垒在任何 θ 处的径向距离 R_S 如下所示

$$\left[\frac{\mathrm{d}\phi(\theta,r)}{\mathrm{d}r}\right]_{r=R_S} = 0 \qquad (10-3)$$

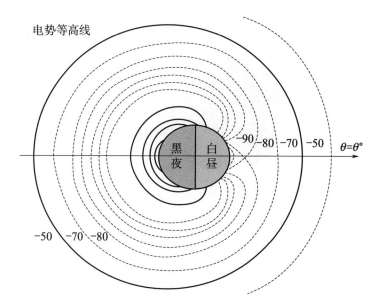

图 10-2　单极-偶极模型的电势等值线（其中参数 A 为 3/4）

（资料来源：改编自 Besse 和 Rubin，1980 年，已获得 AGU 许可）

式中

$$R_S = 2A\cos\theta \qquad (10-4)$$

由于势垒必须在卫星之外，从式（10-4）得到以下不等式

$$2A\cos\theta > R \qquad (10-5)$$

式中，R 是卫星半径。因多极展开的泰勒级数中，单极项必须大于偶极项，因此通过式（10-5）和式（10-2）可得以下不等式

$$R > A\cos\theta > R/2 \qquad (10-6)$$

Lai 和 Cahoy（2015）给出了太阳角 θ 处势垒 $B(\theta)$ 的大小

$$B(\theta) = \phi(\theta, R_S) - \phi(\theta, R) = K\,\frac{(2A\cos\theta - R)^2}{4A\cos\theta R^2} \qquad (10-7)$$

由于光电子的能量只有几电子伏特，所以几电子伏特或更多的势垒 $B(\theta)$ 足以阻挡光电子。因此，式（10-7）中势垒与单极势的比值 $B(\theta)/K$ 需要很小，才能实现部分俘获或全部俘获（R，θ）处日照面发射的光电子。在势垒 $B(\theta)$ 接近零的极限下，从式（10-7）可得到

$$\lim_{B \to 0} A\cos\theta = \frac{R}{2} \qquad (10-8)$$

10.3　说明性示例

　　为了说明单极-偶极模型，图 10 - 3 显示了在光照侧（$\theta = 0°$）和阴影侧（$\theta = 180°$）沿径向距离 r 的电势分布。其中卫星半径为 1，单极子强度为 $K = -1$，太阳位于右侧。

　　在图 10 - 3 中，电势分布通过电势 $\phi(1，180°)$ 大小进行归一化。A 参数依次为：$A = 0.5$、0.7、0.9、1.1 和 1.3。需注意，当 $A > 0.5$ ［见式（10 - 5）］时，在光照一侧（$\theta = 0°$）会形成势垒（倾角）。而 $A < 0.5$ 时则没有势阱，此时光电子完全逃逸。

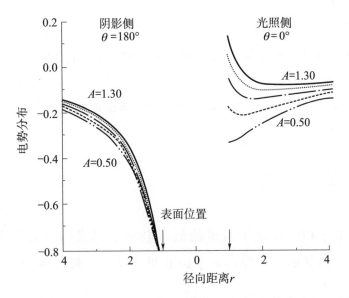

　　图 10 - 3　$\theta = 0°$ 和 $\theta = 180°$ 时沿径向距离的单极-偶极电势分布。卫星半径为 1，太阳位于右侧，单极强度 $K = -1$、电势通过电势 $\phi(1，180°)$ 归一化。请注意，当 $A > 0.5$ 时，在光照侧形成势垒（倾角）

　　图 10 - 4 显示了 $\theta = 45°$ 时沿径向距离的电势分布，可看出，卫星半径和单极强度与图 10 - 3 相同。A 参数依次为 0.5、0.75、1.0、1.25 和 1.5，而电势以与之前相同的方式进行归一化。需注意，前三个剖面具有势垒（负电势的凹陷），但较低的剖面没有势垒，式（10 - 5）要求 A 需满足 $A > (R/2)/\cos48°$。

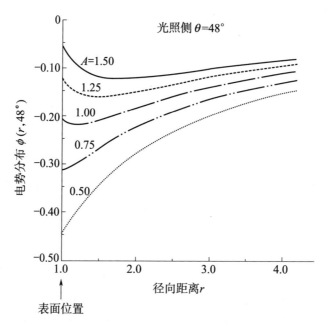

图 10 - 4　太阳角为 48°时，电势分布随径向距离的变化。卫星表面位于 x 轴的原点 $r=1$ 处。

单极强度为 $K=-1$，$A=1.5$、1.25 和 1.0 的前三个电势剖面具有势垒，

但 $A=0.75$ 和 0.5 的下两个剖面没有势垒

10.4　电子通量逃逸率

假设由光电子和二次电子组成的低能电子全部或部分被势垒 B 俘获，则它们会相互反弹和散射，从而形成平衡分布 $f(E)$。越过势垒逃逸的电子通量比率 L 可由下式得出

$$L=\frac{\int_B^\infty Ef(E)\mathrm{d}E}{\int_0^\infty Ef(E)\mathrm{d}E} \tag{10-9}$$

其中，$E=\dfrac{1}{2}mv^2$。此处，假设其近似为麦克斯韦分布。因此，式（10-9）可解析计算如下

$$L=\frac{\int_B^\infty E\exp\left(-\dfrac{E}{kT}\right)\mathrm{d}E}{\int_0^\infty E\exp\left(-\dfrac{E}{kT}\right)\mathrm{d}E}=\left(\frac{B}{kT}+1\right)\exp\left(-\frac{B}{kT}\right) \tag{10-10}$$

式中，T 是光电子和二次电子的温度，大约等于 1.5 eV （Kellogg，1980；Lai 等人，1986）。式（10 – 10）中的 L 是势垒 B 以及捕获的光电子和二次电子的动能 E 的函数。从物理角度看，当势垒 B 增加而温度 T 降低时，L 会减少，更少的电子进行了逃逸。

10.5　捕获低能电子的证据

如图 10 – 5 所示，1999 年 3 月 8 日上午，洛斯阿拉莫斯国家实验室（LANL）卫星 1994 – 084 在地球同步高度测得低能（低于 20 eV）光电子和二次电子，其中 x 轴表示时间。在黄昏一侧（日食左侧），由于环境电子能量较低，因此没有明显的航天器充电现象。可看到，大约 16.8～17.9 UT（小时）之间有一个蓝带，17 UT 以下的箭头表示当地时间为午夜，蓝色带表示日食。由于没有光电子，所以带中没有画出低能电子，由于入射的高能环境电子的缘故，此时低能环境电子被日食中的电荷排斥。

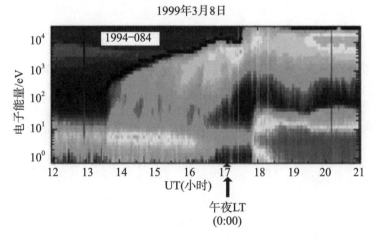

图 10 – 5　捕获光电子和二次电子的证据。1999 年 3 月 8 日上午，洛斯阿拉莫斯国家实验室（LANL）卫星 1994 – 084 在光照条件下捕获的低能（低于 20 eV）电子（资料来源：Thomsen 等人，2002 年，已获得 AGU 许可）

当日食结束后，清晨侧的环境电子比黄昏侧的电子能量大得多，因此，早晨会出现高水平负电荷，导致卫星没有完全导电。此处出现单极–偶极充电现象，导致从 18 UT 开始的早晨时间段红色电子密度区域电子能量增加约 10～

12 eV 或更少。低能电子的捕获，需要在阴影侧存在高水平负电荷，同时，在日光照射侧存在光电发射。在光照一侧，高电平的负电势的等值线，阻止了低能光电子的逃逸。因此，整个卫星带负电。二次电子虽然可以出射，但它们的能量和光电子相近，因此其与光电子一同被阻挡。

10.6　"三分之一"电势比率

根据单极-偶极模型，式（10-2）给出了航天器表面前后电势之比如下

$$\frac{\phi(0°,1)}{\phi(180°,1)}=\frac{1-A}{1+A}=\frac{1-\dfrac{1}{2}}{1+\dfrac{1}{2}}=\frac{1}{3} \tag{10-11}$$

从式（10-11）可知，光照一侧的电势 $\phi(\theta=0°, r=1)$ 等于阴影侧电势 $\phi(\theta=180°, r=1)$ 的三分之一。如果满足单极-偶极模型条件，即式（10-5）不成立而式（10-6）成立时，三分之一的电势比是有效的。

习题

绘制式（10-10）中给出的比率 L，低能电子在 $\theta=0°$ 时从面向鞍点的势阱逃逸。该图表示 L 为给定温度 T 的势垒 B 的函数，或者给定太阳角 θ 的 B/kT 的函数。也可以将 $1-L$ 绘制为被困在势阱中的电子的比率，作为各种参数的函数。或者，可使用其他模型，而不是麦克斯韦分布函数。

参考文献

[1] Besse A L，Rubin A G. A simple analysis of spacecraft charging involving blocked photoelectron currents. Journal of Geophysical Research，1980，85，2324 - 2328.

[2] Kellogg P J. Measurements of potential of a cylindrical monopole antenna on a rotating spacecraft. Journal of Geophysical Research，1980，85，5157 - 5161.

[3] Lai S T，H A Cohen，T L Aggson，et al. Boom potential ona rotating satellite in sunlight，J Geophys Res，1986，91，12137 - 12141.

[4] Lai S T，K Cahoy. Trapping of photoelectrons during spacecraft chargingin sunlight. IEEE Trans Plasma Sci，Vol 43，No 9，pp 2856 - 2860，DOI：10. 1109/ TPS. 2015. 2453370，(2015).

[5] Lai S T，K Cahoy. Trapped Photoelectrons During Spacecraft Charging in Sunlight，IEEE Transactions on Plasma Science，2015，43，2856 - 2860.

[6] Thomsen M F，Korth H，Elphic R. Upper cutoff energy of the electron plasma sheet as a measure of magnetospheric convection strength. Journal of Geophysical Research，2002，107，1331.

第 11 章　航天器充电中环境电子密度的独立性问题

11.1　简介

截至目前，各位读者已熟悉航天器充电的一些基本概念，包括浮动电势、电流平衡、环境电子、离子通量、二次电子、背散射电子流、光电子流和单极-偶极模型。本章将结合上述概念，阐述比前几章更为深刻的内容。

如果一位太空科学家称，他/她发现航天器在环境电子密度高的情况下发生了充电现象，然而，另一位科学家则表示情况并非如此，这一矛盾不足为奇，反倒让我们想起了盲人摸象的故事。因此，本书有必要介绍物理过程的演变情况。本章将对各种情况下航天器的充电现象进行全方位阐述。

11.2　麦克斯韦等离子体充电的发端

对于麦克斯韦等离子体，航天器能否开始充电取决于入射电子与出射电子之和及入射离子的电流平衡情况。由于离子通量可能比电子通量小近两个数量级，忽略离子电流的近似估计，可得电流平衡等式

$$\int_0^\infty E f(E) \mathrm{d}E = \int_0^\infty E f(E) [\delta(E) + \eta(E)] \mathrm{d}E \qquad (11-1)$$

由第 6 章式（6-4）得麦克斯韦分布函数 $f(E)$，即

$$f(E) = n \left(\frac{m}{2\pi kT} \right)^{\frac{3}{2}} \exp\left(-\frac{E}{kT} \right) \qquad (11-2)$$

函数 $f(E)$ 有一个乘法因子 n，SEY$\delta(E)$ 和 BEY$\eta(E)$ 只是一次电子能量 E 的函数，与环境电子密度 n 无关。$\delta(E)$ 和 $\eta(E)$ 与入射角的相关性可以忽略，并不会使函数失去一般性。

从数学上来看，式（11-1）两侧的密度 n 可抵消。抵消特性意味着，对

于麦克斯韦等离子体，航天器充电能否开始与环境电子密度 n 无关。从物理角度来看，抵消特性意味着进入的环境电子越多，二次电子和背散射电子的输出将成比例地增加。因此，对于麦克斯韦等离子体来说，航天器能否开始充电取决于入射环境电子、出射二次电子和背散射电子的电流平衡，不依赖于环境电子的密度。

11.3　麦克斯韦等离子体中的有限电势充电

航天器负电势会排斥入射的环境电子，并将环境离子吸引至航天器。入射环境电子的排斥是通过玻耳兹曼因子实现的，如第 5 章所述，二次电子和背散射电子会从航天器中出射。如第 3 章所述，离子吸引力通过朗缪尔轨道限制因子实现。简单的航天器充电模型下，表征电流平衡公式如下

$$I_e(0)\big[1-\langle\delta+\eta\rangle\big]\exp\left(-\frac{q_e\phi}{kT_e}\right)-I_i(0)\left(1-\frac{q_i\phi}{kT_i}\right)=0 \qquad (11-3)$$

在式（11-3）中，航天器电势 ϕ 为负值。环境电子和离子电流分别为 $I_e(\phi)$ 和 $I_i(\phi)$，T_e 和 T_i 是电子和离子温度，k 是玻耳兹曼常数。式（11-3）中的最后一个括号是朗缪尔轨道限制因子，因为离子电荷 q_i 为正，而航天器电势 ϕ 为负，所以它的值大于 1。出射二次电子和背散射电子电流与入射环境电子电流的比率由下式得出：

$$\langle\delta+\eta\rangle=\frac{\int_0^\infty Ef_e(E)\big[\delta(E)+\eta(E)\big]\mathrm{d}E}{\int_0^\infty Ef_e(E)\mathrm{d}E} \qquad (11-4)$$

式（11-3）中与电子密度相关的项只有电子电流 $I_e(0)$ 和离子电流 $I_i(0)$。电子电流和离子电流分别是其分布 $f_e(E)$ 和 $f_i(E)$ 的函数。电子密度 n_e 和离子密度 n_i 分别是 $f_e(E)$ 和 $f_i(E)$ 中的乘法因子。对于中性空间等离子体，电子密度和离子密度相等，因此，在式（11-3）中，电子密度和离子密度相互抵消。

11.4　Kappa 等离子体中的航天器充电

第 11.2 和 11.3 节中，已经讨论过航天器充电不取决于环境电子密度。因

此，目前有两个论点：a) 航天器能否开始充电并不取决于环境电子密度；b) 航天器能否充电到有限电势并不取决于环境电子密度。论点 a) 建立在以下 4 个前提之上：1) 与密度唯一相关的项是分布函数；2) 密度项是麦克斯韦分布中的一个乘法常数；3) SEY 和 BEY 产额不与密度相关；4) 环境电子通量超过环境离子两个数量级。论点 b) 取决于上述前 3 个条件，同时，需满足第 4 条：环境空间等离子体基本上为中性。

只要密度项是一个乘法常数，这些参数就适用于其他分布。Kappa 等离子体分布（Vasyliunas，1968；Meyer – Vernet，1999）具有的此种特性，通常具有很大用处。因此，在 Kappa 等离子体分布中，充电的开始与充电至有限电势这两种现象均不取决于环境电子密度。

11.5　导体航天器的日光充电

日光下，导电航天器的表面通常能够充电至几电子伏特（正）（Kellogg，1980；Lai 等人，1986）。这是因为来自表面的光电子通量通常超过入射的环境电子通量一个数量级。根据 Purvis 等人（1984）的研究，SCATHA 卫星上测得的平均环境通量为 $J_e = 0.115 \times 10^{-9}$ A/cm^2，Feuerbacher 和 Fitton（1972）的研究结果也表明，典型卫星表面的光电子通量为 $J_{ph} = 2 \times 10^{-9}$ A/cm^2。

当航天器在日光下被充电至正电势（$\phi > 0$），航天器会产生主要由光电子产生的出射电流 I_{ph}，从而可得简单的电流平衡等式如下：

$$I_e(0)\left(1 - \frac{q_e\phi}{kT_e}\right) = I_i(0)\exp\left(-\frac{q_i\phi}{kT_i}\right) + I_{ph} \tag{11 – 5}$$

式（11 – 5）中，因为航天器电势为正，因此可忽略二次电子。尽管环境电子电流 $I_e(0)$ 和离子电流 $I_i(0)$ 分别与环境电子密度 n_e 和离子密度 n_i 成正比，但对光电子电流 I_{ph} 来说则不同。因此，式（11 – 5）中的密度不能相互抵消，电势 ϕ 取决于环境等离子体密度。事实上，Knott 等人（1984）和 Escoubet 等人（1997）对卫星的测量结果证实了，日光中航天器的低水平正电势 ϕ，确实会随环境电子密度变化。

11.6　日光下导电航天器的负电压充电

通常，日光下充电为正电压，因为光电子通量通常超过环境电子通量一个数量级。然而，同样存在环境电子电流超过光电子电流的现象，主要取决于 3 个因素（Lai 和 Tautz，2005，2006）：

1）地球空间风暴事件发生期间，环境电子通量会比正常值高出几倍。例如 Gussenhoven 和 Mullen（1982）观测到 SCATHA 卫星，最差情况下的电子通量为 $J_w = 0.501 \times 10^{-9} \mathrm{A/cm^2}$，几乎是平均值的 5 倍。所以极端风暴事件中，在其他卫星上很可能观测到更高的电子通量。对于最简单的几何形状——球体，虽然有一半的表面积在日光下，但其整个表面均会接收环境电子。因此，球体环境电流不再是低于 J_{ph}（$2 \times 10^{-9} \mathrm{A/cm^2}$），而是 $2J_w$（$1.1 \times 10^{-9} \mathrm{A/cm^2}$）。如果入射环境电子通量与入射离子通量、出射光电子通量之和的比率超过 1（极其罕见），那么此比率可解释航天器为何在日光下发生负电压充电现象。

2）如果航天器的几何结构具有较大的阴影表面积，则卫星上所有表面接收到的环境电子流将远大于较小的日光照射区域所产生的光电子流。这一因素取决于人造卫星的结构设计。

3）如果航天器表面具有高反射性，光子将以其大部分原始能量反射。因此，传递到表面材料的总能量会减少。产生光电子所需的能量是表面材料的功函数加上光电子的动能之和，而且表面材料中也存在衰减损失。因此可猜想，根据反射率的不同，具有高反射率的航天器表面可能在日光下充电，如日食（Lai，2005）。此猜想对于研究空间科学的研究者来说，是一个简单但重要的研究课题。

考虑到上述 3 个因素单独存在或者并存，具有导电表面的航天器在日光下也可进行负电压充电。该情况下，其电流平衡与第 11.2 节和第 11.3 节中讨论的式（11-1）～式（11-3）相似。充电开始以及进行有限的负电压充电，仅取决于环境电子温度，而不取决于环境电子密度（Lai 等人，2017）。

11.7　单极-偶极模型中的充电

对主要由电介质表面覆盖的航天器（电介质表面不是导体，但有助于保护敏感电子仪器和电线免受环境电子的影响），日光下其环境电势分布并不均匀。阴影侧不发射光电子，但接收环境电子，可充电至高负电势（第 10 章）。高负电势会覆盖至光照射侧，并可阻止光电子逃逸（Besse 和 Rubin，1980；Lai 和 Cahoy，2015）。此方式下，卫星的充电取决于环境电子及环境离子对阴影侧的高负电压充电。而环境电子对阴影侧的高负电压充电不取决于环境电子密度，因为那里不发射光电子。

11.8　双麦克斯韦分布

相比单麦克斯韦分布，双麦克斯韦分布能更好地描述空间等离子体环境。双麦克斯韦分布是两个单麦克斯韦分布的总和，每个分布都有自己的密度和温度。

$$f(E) = f_1(E) + f_2(E) \qquad\qquad (11-6)$$

其中，函数 $f_1(E)$ 和 $f_2(E)$ 如式（11-2）所示，但密度 n 和温度 T 分别替换为 n_1、T_1，n_2、T_2。

为确定平衡航天器电势 ϕ，将上述式（11-6）中的 $f(E)$，即式（11-1）代入平衡方程（11-4）。由于与式（11-1）和式（11-3）相对应的电流平衡方程中涉及两种密度 n_1 和 n_2，以及两种温度 T_1 和 T_2，密度和温度均无法抵消。因此，在双麦克斯韦环境中，充电确实取决于两个环境电子密度和两个环境电子温度（Lai，1991）。

11.9　电离层充电

电离层卫星接收到的负电荷净电流 I 由 Mozer（1973）给出

$$I = An_e \left(\frac{kT_e}{2\pi m_e}\right)^{\frac{1}{2}} \exp\left(-\frac{q_e\phi}{kT_e}\right) - I_p - An_i \left(\frac{kT_i}{2\pi m_i}\right)^{\frac{1}{2}} \qquad (11-7)$$

式中，右侧的第一项是入射环境电子的电流；最后一项是入射环境离子的电流；表面积为 A；电势 ϕ 为负；I_p 是非热等离子体粒子产生的电流。电流平衡由零净电流 I 给出。

$$An_e \left(\frac{kT_e}{2\pi m_e}\right)^{\frac{1}{2}} \exp\left(-\frac{q_e\phi}{kT_e}\right) - I_p - An_i \left(\frac{kT_i}{2\pi m_i}\right)^{\frac{1}{2}} = 0 \qquad (11-8)$$

式（11-8）与式（11-3）相似，区别在于 I_p 项。如果 I_p 项相对于环境电流可忽略不计，那么第 11.3 节的结论将成立。例如，如果非热电流仅由二次电子和背散射电子引起，则其贡献很小。这是因为在电离层电子的能量下，二次电子和背散射电子的产量很小。

如果 I_p 主要是由航天器相对于环境等离子体的相对速度所给出的涌入电流决定，则涌入电流与环境等离子体密度成正比。在中性等离子体中，电流平衡式（11-8）中的密度将相互抵消。因此，此近似环境下，航天器的充电与环境电子密度无关。

然而，如果卫星位于光照的电离层，情况则与第 11.5 节类似。电流平衡式（11-5）计算得出卫星发射的光电子电流 I_{ph}。因此，航天器电势 ϕ 取决于出射光电子电流和入射环境电子电流之间的竞争关系。此情况下，环境电子电流在控制航天器电势方面起着重要的作用。

如果日照光射的卫星为单极-偶极的配置，则适用于第 11.7 节的结论。然而，单极-偶极的形成需要阴影侧的高负电压（第 10 章）。电离层中，环境电子能量远低于 1 eV，因此，阴影侧的高能级充电现象可以排除，不需要考虑电离层中的单极-偶极情况。

11.10 航天器充电的多面性：临界温度和环境电子密度的依赖性问题

本章讨论了航天器充电中环境电子密度的依赖性问题（Lai 等人，2017）。讨论涉及许多空间环境情况，如日光充电、双麦克斯韦环境充电、Kappa 环境、日光下电介质表面航天器的单极-偶极充电模型等。Lai 等人（2020）阐述了类似讨论，涉及众多空间环境情况。表 11－1 总结了 Lai 等人（2017，2020）的综合性结果。

表 11－1　航天器充电的多面性

空间环境状况	临界温度	电子密度
麦克斯韦式	T^*	独立
双麦克斯韦式	无	依赖
Kappa	T^*	独立
截止麦克斯韦等离子体环境	T^*	独立
日光下的单极-偶极模型	T^*	独立
日光下的低电平充电	无	依赖
航天器上的等离子体探测器	无	依赖
带电粒子束发射	无	依赖

习题

学习至本章节，说明您对知识的掌握已有一定深度。应能够完成下列练习：

1. 求解麦克斯韦等离子体环境中的临界温度问题。

2. 求解 Kappa 等离子体环境中的临界温度问题。

3. 计算出截止等离子体分布环境中的临界温度问题。

4. 求解双麦克斯韦等离子体环境中带电、非带电及三重根的参数域问题。

5. 求解单极-偶极模型中的电荷等值线问题。推导鞍点势垒存在的必要条件。

6. 在二次电子和背散射电子的输出电流与输入电流成正比的情况下，充电与环境电子电流无关。那么在什么条件下，充电取决于环境电子电流？

参考文献

［1］ Besse A L, Rubin A G. A simple analysis of spacecraft charging involving blocked photoelectron currents. Journal of Geophysical Research, 1980, 85, 2324 - 2328.

［2］ Escoubet C P, Pedersen A, Schmidt R, Lindqvist P A. Density in the magnetosphere inferred from ISEE 1 spacecraft potential. Journal of Geophysical Research, 1997, 102, 17595 - 17609.

［3］ Feuerbacher B, B Fitton. Experimental investigation of photoemission fromsatellite surface materials. Appl Phys, 1972, 43, 1563 - 1572.

［4］ Gussenhoven M G, Mullen E G. A 'worst case' spacecraft charging environment as observed by SCATHA on 24 April 1979. AIAA, 1982, 82 - 0271.

［5］ Kellogg P J. Measurements of potential of a cylindrical monopole antenna on a rotating spacecraft. Journal of Geophysical Research, 1980, 85, 5157 - 5161.

［6］ Knott K, Décréau P M, Korth A, et al. The potential of an electrostatically clean geostationary satellite and its use in plasma diagnostics. Planetary and Space Science, 1984, 32, 227 - 237.

［7］ Lai S T. Charging of mirror surfaces in space. Geophys Res, 2005, 110.

［8］ Lai S T. Facets of spacecraft charging: Critical temperature and dependence on ambient electron density, in ECLOUD'18 Proceedings of the JointINFN - CERN - ARIES Workshop on Electron - Cloud Effects, Italy, 2018. La Biodola, Isola d'Elba, R Cimino, G Rumolo, F Zimmermann (Eds). 2020, Geneva: CERN, 137 - 141.

［9］ Lai S T. Theory and observation of triple - root jump in spacecraft charging. Journal of Geophysical Research, 1991, 96, 19269 - 19281.

［10］ Lai S T, K Cahoy. Trapped photoelectrons during spacecraft charging in sunlight, IEEE Trans. Plasma Sci, 2015, 43, 2856 - 2860.

［11］ Lai S T, H A Cohen, T L Aggson, et al. Boom potential of arotating satellite in sunlight. J Geophys Res, 1986, 9112137 - 12141.

［12］ Lai S T，M Martinez – Sanchez，K Cahoy，et al. Does spacecraft potential depend on the ambientelectron density? IEEE Trans. Plasma Sci，2017，45，2875 – 2884.

［13］ Lai ST，M F Tautz. Aspects of spacecraft charging in sunlight，IEEE Trans. Plasma Sci，2006，34，2053 – 2061.

［14］ Lai S T，M Tautz. Why do spacecraft charge in sunlight? Differential charging and surface condition，Tsukuba，Japan：In Proceedings of the 9th Spacecraft Charging Technology Conference，2005.

［15］ Meyer – Vernet N. How does the solar wind blow? A simple kinetic model. European Journal of Physics，1999，20，167 – 176.

［16］ Mozer F S. Analyses of techniques for measuring DC and AC electric fields in the magnetosphere. Space Science Reviews，1973，14，272 – 313.

［17］ Purvis C K，Garrett H B，Whittlesey A C，et al. Design guidelines for assessing and controlling spacecraft charging effects，1985.

［18］ Vasyliunas V M. A survey of low – energy electrons in the evening sector of the magnetosphere with OGO 1 and OGO 3. Journal of Geophysical Research，1968，73，2839 – 2884.

第 12 章　束流发射引起的航天器充电

12.1　简要回顾

前几章阐述了在不发射束流的环境下，航天器的充电知识。在介绍束流发射的相关理论之前，本节简要回顾前几章内容。

由于质量差异，环境离子通量约比环境电子通量小两个数量级。在地球同步轨道高度，环境等离子体密度很低（通常低至每立方厘米几个电子），在电磁风暴期间密度甚至更低。环境电子温度通常低于 100 eV，但在电磁风暴期间会上升至 keV。航天器平衡时的电势由电流平衡决定，大多数航天器达到平衡通常需要几毫秒的时间。

由环境电子和离子电流控制的负电荷航天器的电流平衡方程为

$$I_e(0)\left[1-\langle\delta+\eta\rangle\right]\exp\left(-\frac{q_e\phi}{kT_e}\right)-I_i(0)\left(1-\frac{q_i\phi}{kT_i}\right)^{\alpha}=0 \qquad (12-1)$$

其中，当航天器电势 ϕ 为负时，$q_e=-q$，$q_i=+q$，q 是基本电荷。对于球体，指数 $\alpha=1$；对于长圆柱体 $\alpha=1/2$；对于平面，$\alpha=0$。$I_e(\phi)$ 和 $I_i(\phi)$ 是电势为 ϕ 时的环境电子及环境离子电流。指数项（也称为玻耳兹曼项）的物理意义，表征着对周围电子的排斥，而带有指数 α 的项则表示对入射离子产生的吸引。二次电子和背散射电子由 $\langle\delta+\eta\rangle$ 项计算得出，如第 5 章所述。

对于带正电的航天器（$\phi>0$），可建立由环境电子和离子电流控制的电流平衡方程，近似值如下

$$I_e(0)\left(1-\frac{q_e\phi}{kT_e}\right)^{\alpha}-I_i(0)\exp\left(-\frac{q_i\phi}{kT_i}\right)=0 \qquad (12-2)$$

式（12-2）中，忽略了二次电子电流。因为航天器正电势能够将低能电子吸引回来，且背散射电子电流总是很小。

假设日光下发射出光电子电流 I_{ph}，导电航天器充电到几伏的正电势，则平衡方程式（12-2）变为

$$I_e(0) - I_i(0)\exp\left(-\frac{q_i\phi}{kT_i}\right) = I_{ph} \qquad (12-3)$$

式（12-3）中，以指数 α 为特征的 Mott-Smith 和 Langmuir 吸引项被忽略，因为光电子发射所诱导的正电势 ϕ 通常远小于环境电子温度 T_e。

12.2　光束发射

对于光束发射，束流包含在电流平衡方程中。如果束流 I_B 远小于入射环境电子的电流，则航天器电势保持为负值，式（12-1）由如下形式表示

$$I_e(0)[1 - \langle\delta+\eta\rangle]\exp\left(-\frac{q_e\phi}{kT_e}\right) - I_i(0)\left(1-\frac{q_i\phi}{kT_i}\right)^\alpha = I_B \qquad (12-4)$$

式中，ϕ 为负。

电流平衡方程可用数值或图形方式求解，比如方程（12-1）～方程（12-3）。按式（12-5）绘制，画出其电流-电压曲线，是一种有效求解方式。定义净电流 I_{net}，并将其绘制为航天器电势的函数。过零为电流平衡时的电势，如图 12-1 所示。

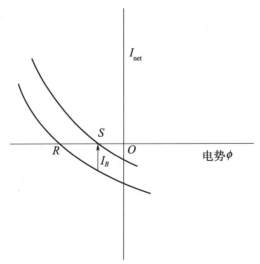

图 12-1　电流-电压曲线的移动。根 R 位于电流-电压曲线的交叉处，
对于光束发射 I_B，曲线在 S 处随着新的交叉点（根）移动

$$I_{\text{net}} = I_i(0)\left(1 - \frac{q_i\phi}{kT_i}\right)^{\alpha} - I_e(0)[1 - \langle\delta + \eta\rangle]\exp\left(-\frac{q_e\phi}{kT_e}\right) \quad (12-5)$$

图 12-1 中，如果电势 ϕ 负向增大到较大值，则有效电流正向增大。该结论意味着更多的正离子被吸引到航天器上。

如果发射的光电子电流为 I_B，则整个电流-电压曲线向上移动 I_B，如图 12-2 所示。从数学角度，该结论由有效电流的附加项 I_B 引起。

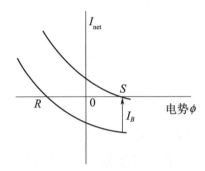

图 12-2　电流-电压曲线的移动。当束流 I_B 较大时，根在正电势下移动至 S

$$I_{\text{eff}} = I_i(0)\left(1 - \frac{q_i\phi}{kT_i}\right)^{\alpha} - I_e(0)[1 - \langle\delta + \eta\rangle]\exp\left(-\frac{q_e\phi}{kT_e}\right) + I_B$$

$$(12-6)$$

解到 ϕ 由曲线的零点给出。在交叉点，I_{net} 为零，意味着电流平衡式（12-4）满足条件，即证明交叉点处的值为最终解。

如果光电子电流超过环境电子电流，航天器电势变为正值，则式（12-2）变为

$$I_e(0)\left(1 - \frac{q_e\phi}{kT_e}\right)^{\alpha} - I_i(0)\exp\left(-\frac{q_i\phi}{kT_i}\right) = I_B \quad (12-7)$$

式中，ϕ 为正。对于正离子发射，需要适当地改变电荷符号。

12.3　电子束回扫

当光束从航天器带走电子时，航天器电势对光束发射做出响应，航天器的准确数值由电流平衡决定。随着束流的增加，航天器电势相应增加。在足够高的束流下，航天器势能达到临界值，即束流能量 E_B。任何增加的束流都会导

致束流回扫，如图 12-3 所示。

光束发射　　　　　　　　光束返回

航天器表面

图 12-3　电子束发射和电子束回扫

发出的净束流 I_{net} 如下

$$I_{net}(\phi) = I_B - I_r(\phi)\Theta(\phi - \phi_C) \qquad (12-8)$$

式中，如果航天器电势 ϕ 小于束流能量 E_B 对应的最大电势 ϕ_C，则阶跃函数为零。

这类似于向上扔石头，它只能达到石头势能等于其初始动能时的临界高度，如图 12-4 所示。

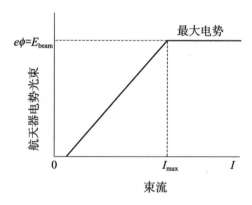

图 12-4　光束发射引起的最大电势。超过临界电流 I_{max} 后，
束流的进一步增加不能提高电势

打个比方，当用铁锹在地面上挖洞时，随着挖出的土壤越来越多，洞越深。但洞的深度有限，正如名言所述："你能挖的深度取决于你能丢出多高的土。"（图 12-5）

如果光束能量不为单值，其会形成从 E_1 到 E_2 的能量分布。光束能量 E

图 12-5　"你能挖的深度取决于你能丢出多高的土。"这类似于试图通过光束发射来
增加航天器的电势，航天器的最大势能不可能超越光束能量

满足 $E_1 < E < e\phi$ 时，电子束返回，此处 ϕ 为航天器的电势。光束能量 E 满足
$e\phi(x) < E < E_2$，则电子束逃逸（图 12-6）。

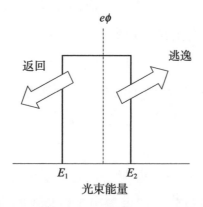

图 12-6　具有能量扩散的光束导致的入射和逃逸。在位置 x 处能量 E 小于航天器
势能 $e\phi(x)$，电子束返回，另一部分 $E > e\phi(x)$，电子束逃逸

12.4　增压

"你能挖的深度取决于你能丢出多高的土"的原则只适用于没有外界干扰
的封闭系统。该系统类似于量子力学或统计力学中的哈密顿量所描述的系统。
如果存在外界干扰，哈密顿量必须包括负责干扰的外部系统。

例如，图 12-5 中，如果有人（捕手）从上方抓到土壤并将其带走，挖掘
机可以比人挖得更深。但是，哈密顿量必须包含捕手系统。另一个例子，航天
器以飞快的速度飞行，以至于当电子束返回时，航天器已经离开，同样适用该

情况。如果射束发射能将航天器充电至比射束能量更高的电势，这种现象称为增压。但在封闭系统中，不会发生增压（Lai，2002）。

测量航天器电势的常用方法是使用吊杆。假设动臂尖端处于零电势，则吊杆的尖端在航天器壳体的鞘层电势之外。根据此假设，航天器本体电势与尖端电势之间的电势差便是航天器电势。例如，由于高电流电子束发射，航天器主体会充电至正电势，等于电子束能量。然而，吊杆的尖端会充电至负电势，因为尖端会拦截大量的入射电子。因此，电势差可能超过航天器本体的真实电势。当对实验中的数据进行物理解析时，必须细心关注各个细节。

此处阐述几个动臂尖端充电的必要说明。高电流不会给航天器表面充电（见第 6 章和第 11 章），若需航天器表面充电，电流必须有足够热的大量电子。如果热电子来自环境等离子体，其会形成温度为 T 的分布。此情况下，温度必须超过临界值 T_c 才会发生充电现象。

高电流束发射情况下，束能量 E_B 几乎是单能的，因此返回电流近似于能量 E_B。通过能量 E_B 的近单能电子流充电，需要能量 E_B 超过表面材料的二次额 $\delta(E)$ 中第二交叉点 E_2（见第 5.2 节）。

例如，如果表面材料的 E_2 为 10 keV，则动能超过 10 keV 的单能电子会在碰撞时对表面充电。如果冲击电荷是混合物，对于不同能量的电子和离子，必须对它们的电流分布进行积分。电流用于电流平衡方程中，以确定充电开始或表面产生的电势。

12.5　驱动力和响应

航天器电势由电流平衡决定。如果其中一个电流发生显著变化，则航天器电势也会相应变化。可将显著变化的电流视为驱动因素，将航天器电势视为响应。由于束流由地面人工控制，因此可系统地改变束流，观察航天器的响应电势，对获得的结果进行数据分析，并提供有意义的物理解释。通过这种方式，读者可设计自己的许多实验，以各种方式研究对驱动力的反应，前提是在实验的时间跨度内，自然电流不会迅速变化。

例如，在 SCATHA 卫星上的两次电子束实验以电子束电流变化和航天器电势响应为特征（Lai 等人，1987；Lai，1994）。对更为深层次的内容，感兴趣的读者可进一步分析参考示例中的数据。

12.6　电子束发散

本节推导圆柱形电子束或离子束的电场。根据高斯定律，电场 E 的表面积分与电荷密度 ρ 的体积积分有关（图 12-7）。

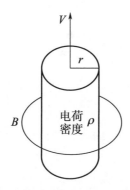

图 12-7　圆柱形带电粒子束

$$\iint \boldsymbol{E} \mathrm{d}S = \iiint \frac{\rho}{\varepsilon_0} \mathrm{d}V \tag{12-9}$$

对于长圆柱体，高斯定律如下

$$E = \frac{r\rho}{2\varepsilon_0} \tag{12-10}$$

式中，r 是圆柱体的半径，电流 I 由通量 ρv 乘以横截面 πr^2 得出，速度用 v 表示。

$$I = \pi r^2 \rho v \tag{12-11}$$

根据毕奥-萨伐尔定律，感应磁场 B 由下式给出

$$B = (\mu_0/2\pi) I/r \tag{12-12}$$

根据法拉第定律，感应电场 E' 由下式给出

$$E' = v \times B = (\mu_0/2\pi) v I/r \tag{12-13}$$

r 处电子束的净向外力由下式给出

$$eE_{\mathrm{net}} = eE - eE' = \frac{eI}{2\pi\varepsilon_0 r v}\left(1 - \frac{v^2}{c^2}\right) \tag{12-14}$$

电子的运动方程如下

$$m \frac{\mathrm{d}^2 r}{\mathrm{d}t^2} = \frac{1}{4\pi\varepsilon_0} \frac{2eI}{rv} \left(1 - \frac{v^2}{c^2}\right) \qquad (12-15)$$

$t = 0$、$r = r_0$ 时，发散率 $\mathrm{d}r/\mathrm{d}t = 0$。

对式（12 - 15）积分，可得电子沿束扩展包络线的轨迹。

对于充电至吸引电势的航天器，当电子束向外传播时，速度 v 减慢。速度 $v(x)$ 取决于航天器电势分布图 $\phi(x)$，其中 x 是与航天器表面的距离。为简单起见，德拜形式通常比较实用（Whipple 等人，1974）。

$$\phi(x) = \frac{\phi_S R}{x + R} \exp\left(-\frac{x}{\lambda}\right) \qquad (12-16)$$

式中，ϕ_S 是表面电势；R 是航天器半径；λ 是德拜距离。

12.7　空间推进的束流发射

几十年来，离子束发射用于航天器推进理论备受关注。传统上，离子束装置具有电离室，中性气体被注入其中。电离后，产生正离子和电子对。离子由施加高负电压的栅极提取。电离率很低，例如 6%。正离子以典型的电子伏能量提取。电子被栅极排斥，无法逃逸。而一些不带电的中性气体会逸出。电子伏离子与慢中性粒子之间的电荷交换会产生慢离子和高能中性粒子。

为防止航天器充电，通过在束出口处向束注入电子的方法中和离子束。此为近几十年来离子束设备的原理。同时，有基于此原理的各种演变体。各个演变体均有优缺点，有关各种离子推进装置的全面综述，请参见 Martinez Sanchez 和 Pollard 的研究（1998）。

近年来，离子液体组成的离子源的使用是空间推进的热点（Lozano 和 Martinez Sanchez，2005；Coffman 等人，2019）。负离子液体离子和正离子液体离子分别是 BF_4^- 和 EMI^+。离子液体可从叫作泰勒锥的尖点蒸发，蒸发的标准是泰勒锥上的电场必须超过液体的表面张力。

$$\gamma \, \nabla \cdot \hat{\boldsymbol{n}} = \frac{1}{2} \varepsilon_0 E^2 \qquad (12-17)$$

式中，$\hat{\boldsymbol{n}}$ 是曲面法向单位向量；$\nabla \cdot \hat{\boldsymbol{n}}$ 是离子液体弯液面的曲率；γ 为表面张力；

E 为锥尖电场。此方法可制造非常小且非常轻的离子束装置。束离子可以数千电子伏特的能量传输。由此可知，该方法可开发出越来越小的设备，甚至可以将小而无法识别的飞行物体推进到高速。

航天器发射的离子束带走其中的离子，导致航天器充电。对于离子液体组成的离子，可以双峰方式发射两支离子束，一支为正，一支为负。如果相反的两支形成的电流大小相等，则不会产生净电荷，束流发射不引起充电，因此，没有必要采取缓解措施。如果双峰离子束彼此太近（图 12 - 8），则需考虑其净电场的相互吸引 ［式（12 - 12）］。

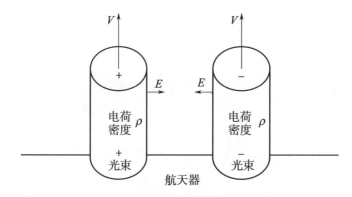

图 12 - 8　正负周期性束流之间的电场吸引力

若航天器在空间等离子体温度较高的区域内飞行时遭遇风暴天气，其会自然充电至高负电势。该情况下，一支束流返回，而另一支束流继续执行推进任务（图 12 - 9）。

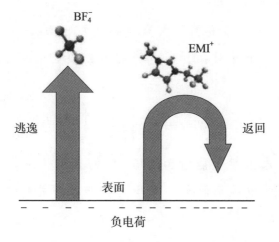

图 12 - 9　航天器正负离子束的发射

12.8　电子束发射造成的航天器损坏

本节引用SCATHA卫星的人工波束发射案例（Cohen 等人，1981），作为非环境原因引起航天器异常的实例。从 SCATHA 卫星上发射一束 3 keV 13 mA 的电子束，尽管其并未瞄准仪器，但它迅速导致航天器表面仪器（SC2 探头）失灵。此例证明了前后的因果关系。在该异常实例中，可能对航天器产生完全且永久的破坏（图 12 - 10）。

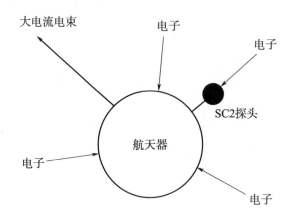

图 12 - 10　被电子束发射破坏的航天器电子设备

习题

1. 航天器的平衡电势由电流平衡决定。假设圆柱形航天器产生离子束电流 I_b，请推导电流平衡方程。

假设离子束发射引发极高的航天器负电势（$\phi < 0$，$-q_i\phi \gg kT_i$、$-q_e\phi \gg kT_e$），导致所有环境电子被排斥。电子的指数项很小，可以忽略不计。证明航天器电势为

$$\phi = -\frac{kT_i}{q_i}\left[\frac{I_b}{I_i(0)}\right]^2$$

2. 假设从航天器出射了能量为 200 eV 的正离子束，导致航天器充电至 −6 000 V。若离子束电流足够大，产生大量离子诱导的二次电子，那么航天器的最终电势是多少？

参考文献

［1］ Coffman C S, Martínez－Sánchez M, Lozano P C. Electrohydrodynamics of an ionic liquid meniscus during evaporation of ions in a regime of high electric field. Physical review E，2019，996－1，063108 .

［2］ Cohen H A, et al. Satellite and payload responses to electron beam operations, Cleveland, OH: NASA Lewis Research Center, 1981, 509－559.

［3］ Lai S T. An improved Langmuir probe formula for modeling satellite interactions with near－geostationary environment. Journal of Geophysical Research，1994，99, 459－468.

［4］ Lai S T. On supercharging: Electrostatic aspects. Journal of Geophysical Research，2002，107, 1029－1038.

［5］ Lai S T, Cohen H A, Aggson T L, et al. The effect of photoelectrons on boom－satellite potential differences during electron beam ejection. Journal of Geophysical Research，1987，92，12319－12325.

［6］ Lozano P, M Martinez－Sanchez. Ionic liquid ion sources: Characterizationof externally wetted emitters, Colloid and Interface Sci，2005，282 ，451－421.

［7］ Martínez－Sánchez M, Pollard J E. Spacecraft Electric Propulsion－An Overview. Journal of Propulsion and Power，1998，14，688－699.

［8］ Whipple E C, Jr, J M Warnock, R H Winckler. Effect of satellite potentialin direct ion measurements through the magnetopause, Journal of Geophysical Research，1974，79，179－186.

第 13 章 抑制方法

13.1 主动和被动方法

航天器充电至高负电压会干扰航天器上的科学测量并损坏电子仪器，会影响航天器的导航，甚至造成航天器任务终止。因此，有必要缓解航天器充电引起的高电压。

由充电产生的任何低电平电压通常是可容忍的，因为其不会对电子设备造成严重干扰，也不会对仪器造成严重伤害。

一般来说，抑制航天器充电有主动和被动两种方法。主动方法中，需要命令来激活抑制过程，而被动方法中则不需要命令。表 13-1 列出了目前已知的主动方法和被动方法。

表 13-1　主动和被动抑制方法

方法	物理学意义	类型	说明
尖端离子	场发射	被动	在尖端处需要高 E 场；尖端离子溅射，减轻导电接地表面的充电，但不减轻电介质的充电，差异化充电部件
导电格栅	防止高电势差	被动	周期性表面电势
半导体漆	电介质表面电导率增加	被动	减轻电介质表面充电，油漆电导率可能会逐渐改变
高二次电子系数材料	二次电子发射	被动	能量高于第二个 $\delta(E) = 1$ 交叉点的环境电子可导致充电
热丝	热电子发射	主动	空间电荷电流限制；仅缓解接地充电，随后出现差异充电
电子束	电子发射	主动	仅缓解接地充电，随后出现差异充电
离子束	低能离子的返回	主动	中和"热点"，对导电和电介质表面都有效，这些离子可以作为二次电子发生器，不能将电势降低到发射离子能量以下

续表

方法	物理学意义	类型	说明
等离子体发射	电子和离子的发射	主动	比电子或离子发射更有效
真空镀膜	镀附着电子的极性分子	主动	减轻导电和电介质表面充电,不适用于深层电介质充电,可能导致污染
金属基电介质	电介质电导率增加	被动	缓解深层电介质充电,金属基材料需要均匀才有用,电导率变化和控制需要研究
镜面或 LED	阴影侧的光电发射	主动	减少阴影侧的高电平充电,移除日光照射侧的光电子屏障

13.2 电子场发射

若航天器由于拥有多余的电子,从而使其向高电势充电,有效的抑制方法是让电子从航天器中出射。当足够高的电场 E 在尖端点处时(Fowler 和 Nordheim,1928),会发生场发射,多余的电子通过此方式从安装在航天器上的尖端点出射。此方法的优点是,不需要从地面向航天器发送命令。

场发射的物理原理需用量子力学解释,超出本文的范围。要进行更精确的计算(本书暂不涉及),必须输入材料的费米能量 μ(Von Engel,1983)。

为更好地理解电子场发射相关原理,举例如下。具有功函数 $W = 5$ V 且尖端半径为 0.5 nm 的常规材料的尖端,需要约 10^{10} V/m 的临界电场 E 电子场发射(Von Engel,1983)。

正离子也由大约十倍强的正电场从尖端点发射出来。另一方面,现代微小卫星的空间推进通常使用带正电荷或带负电荷的液态金属,在千伏电压下从非常尖的端点发射(Krejci 和 Lozano,2018;Lai 和 Miller,2020)。

热电子发射法也可用于通过电子发射抑制航天器充电。该方法与场发射方法类似,但其使用热丝从航天器表面发射电子。热电子发射的数学式由修正的 Richardson 方程描述,即

$$J = \lambda A_0 T^2 \exp\left(-\frac{W}{kT}\right) \tag{13-1}$$

式中,J 是电子通量;T 是热丝温度,单位为 K;W 是热丝材料的功函数;k 是玻

耳兹曼常数；λ 是材料相关参数；常数 $A_0 = 1.201\ 73 \times 10^6\ A \cdot m^{-2} \cdot K^{-2}$。

热离子发射法是一种有效的方法，但需要地面发出指令才能打开热丝，而且热丝会消耗大量电力。此外，长时间使用会烧坏丝线。

13.3　两种电子发射方法的缺点

如果航天器所有表面均导电，则其适用电子发射方法，因为多余的电子会被出射。然而，如果航天器由导电和电介质表面组成，则电子发射方法不适用。此时，使用电子发射法会使表面处于差异充电状态，将比均匀充电更糟糕。虽然多余电子可从与电子发射器相连的导电表面出射，但电介质表面是绝缘体，电子或离子几乎无法穿越，因此电介质表面的电子无法出射，如图13-1所示。

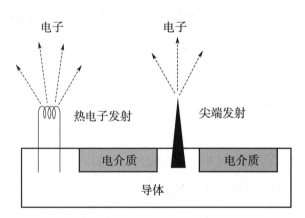

图 13-1　发射电子的抑制方法。该方法适用于所有表面均导电的航天器，
但不适用于覆盖有导电和电介质表面的航天器

打个比方，假设航天器表面受到数千电子伏能量的热电子轰击，所有表面的电荷都为负千伏，此处假设电势约为 $-2\ kV$。其次，假设出于抑制的目的，电子从发射器发射，导致导体表面电势下降至 $0\ V$ 附近，但电介质表面没有受到影响，因为电子几乎不能穿过电介质材料。因此，导电表面电势约为 $0\ V$，而电介质表面电势约为 $-2\ kV$。此情况将比原先航天器状态更为危险，称为差异充电。

13.4 低能离子发射

高负电荷航天器发射的低能正离子可产生离子喷泉。返回的离子可达航天器负电荷的最高的点，从而中和负电荷。低能离子束发射方法可有效缓解差异充电（Lai，2003；Lai 和 Cahoy，2017）。有关从有吸引力带电表面发射，并重新返回到有吸引力带电表面的带电粒子轨迹的数值模型，请参见 Carini 等人（1986）的研究。

若正离子能量大于航天器的势能，其将出射。因此，航天器电势会随负电压增加，直到势能等于离子束能量，负电势被离子束发射钳制。然而，若存在热中性粒子，由于发射离子和热中性粒子之间会发生电荷交换，电势水平会进一步降低。因此，与中性离子具有几乎相同能量的新生正离子，将返回并参与抑制过程。

13.5 低能等离子体发射

Lai 等人（2003）的研究结果表明，电子和正离子的低能发射比低能离子单独发射更有效。当电子发射带走导体表面的带电电子时，返回的正离子有助于中和电介质表面充电。

DSCS 实验（Lai，2003）证明，一旦发射低能等离子体（电离中性气体），卡普顿（红色）和石英（绿色）表面之间先前存在的差异充电现象立即消失。但是，此方法需要激活命令。在 DSCS 实验中等离子体发射后不久，再次出现差异充电（在 10 000 UT 时），如图 13-2 所示。图 13-2 中，零位有其自身的偏移问题。

实际上，环境电子通量只有 0.115×10^{-9} A/cm^2，充电量很低，因此不需要发射高密度等离子体束。发射的等离子体不应具有高能量，否则它不会返回。

此方法虽然有效，但不实用，因为其需要地面注入激活命令，且需要提供中性气体用以制造等离子体，而中性气体的供应和抑制时间都是有限的。

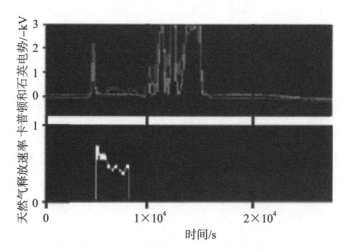

图 13 - 2　释放低能等离子体进行充电抑制的演示。电离中性气体产生的等离子体降低了
卡普顿（红色）和石英（绿色）的充电电势，零电势有自己的偏移问题

13.6　局部导电涂层

某些特定任务的航天器设计中，并不需要对高绝缘表面和高导电表面过高
要求。此类情况下，局部导电涂层，如氧化铟，便可用于减少航天器表面的差
异充电。该涂层导致航天器表面能够彼此导电。由于没有出射多余的电子，相
对环境等离子体的绝对电势是不变的。此情况下，航天器仍可进行均匀高电平
充电，但差异充电可在绝大多数场景下被避免。

对于局部导电表面特性可接受的情况，此抑制方法非常方便有效。其能防
止航天器表面的差异充电，而无需电子或等离子体发射方法中所需的许多
步骤。

13.7　极性分子喷雾

将极性分子（如水）喷洒在导电和非导电航天器表面，也可去除航天器表
面电子。该方法清除了表面电子，从而在极性分子液滴中积累电子。

当液滴库仑斥力超过表面张力时，液滴会爆裂成更小的液滴。较小的液滴
具有较短的半径，因此具有较大的库仑斥力，会再次破裂成更小的液滴。通过

这种方式，将带电液滴蒸发掉（Lai 和 Murad，1995，2002a，2002b）。与电子发射法不同，该方法从导电表面和绝缘表面去除电子。

该方法的缺点在于其是一种主动方法，需要注入起始命令。同时需使用极性化学物质，并且会造成航天器表面污染。

13.8　通过镜面抑制

多数面积为电介质表面的航天器，可在日光下充电，因为暗面可充电到负电压，而不发射光电子（见第 10 章）。暗面产生的高负电压范围可扩散到日光面，形成屏障并阻挡光电子（Besse 和 Rubin，1980；Lai 和 Tautz，2006）。低能电子，如光电子和二次电子，可被困在日光照射侧的势垒后面（Lai 和 Cahoy，2015）。

镜子反射的日光可在暗面产生光电子，从而抑制表面电荷，如图 13 - 3 所示（铝镜对紫外光的反射率约为 88%）。反射镜必须与航天器保持一定距离，并像太阳能电池板一样，以适当的角度面向太阳进行反射（Lai，2012）。

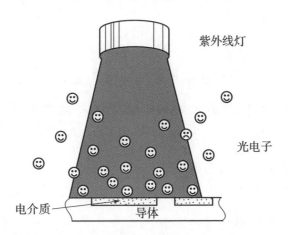

图 13 - 3　使用紫外光进行表面光电发射的示意图（在日食和日光下，
去除表面电子会降低导体和电介质表面的充电水平）

对于所有表面均导电的航天器，充电现象并不重要，因为航天器表面发射的光电子通量通常超过环境电子通量约两个数量级。然而，一些航天器设计的阴影区比日光照射区大，甚至在阴影区中还有阴影，导致环境电子电流与光电子电流的比率更大。此外，在极端地磁风暴期间，环境电子通量会激增，从而抵消光电子通量。此情况下，反射日光到阴影表面的镜子将有助于抑制航天器充电，甚至能够在极端空间天气，让航天器在日光下充电。

该方法（Lai，2012）具有一定效果。该方法在实验室和空间测试的结果，为空间研究界提供了极好的机会。

与等离子体发射法不同，该方法无须连接到具有有限气体供应的等离子体放电室，但可能需要通过人工智能，根据太阳角度自动控制后视镜的倾斜角度。

13.9　使用 LED 缓解

过去，发明已久的发光二极管（LED）仅用于发射低频光，而现代科技（Nobel prize，2014）已成功将频率范围扩展到紫光频率。航天器使用 LED 产生光电子的方法与镜面反射方法类似，但不同之处在于，LED 方法即使在日食中也依旧有效。缺点是其需要电源，且 LED 的寿命有限。

习题

1. 圆柱形带电粒子束侧面径向上的空间电荷电场是多少？可以使用参数 λ（0～1）表示电子束中电子与离子密度的比率。如果圆柱形带电粒子束从航天器表面发射，电场可与航天器表面的电场竞争，后者被充电到某一电势。提示：可以参考（Lai：eq（8），2002）。

2. 使用尖端抑制负电压充电的缺点是什么？

a. 电子只能从导体中提取，不能从电介质中提取。

b. 尖端高电场吸引的环境离子会使尖端变钝。

c. 在装配过程中，尖端可能会伤害手指。

d. 以上都是。

3. 有效抑制航天器充电的等离子体发射法的物理机制是什么？

能量为 200 eV 的正离子从充电至 −6000 V 的航天器中出射。假设返回离子电流足够大，足以产生大量离子诱导的二次电子，即使离子诱导的二次电子产额 $\delta_i(E)$ 很小。如图 13−4 所示，航天器的最终电势为多大？

答案：

离子"出射和返回"充当了二次电子发生器，电子被卫星的负电势排斥。因此，最终电势的大小为－200 V。

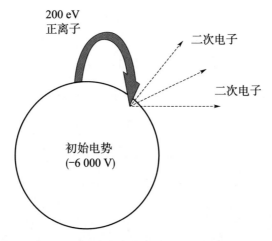

图 13 - 4　抑制充电至－6 000 V 的航天器

参考文献

[1] Besse A L, Rubin A G. A simple analysis of spacecraft charging involving blocked photoelectron currents. Journal of Geophysical Research, 1980, 85, 2324 – 2328.

[2] Carini P, G Kalman, Y Shima, et al. Particle trajectory between charged plates, J. Phys. – Applied Phys. , 1986, 19, 2225 – 2235.

[3] Fowler R H, L W Nordheim. Electron emission in intense electric fields, Proc Roy Soc, 1928, 119, 173 – 181.

[4] Krejci D, P Lozano. Space propulsion technology for small spacecraft, Proc. IEEE, 2018, 106, 362 .

[5] Lai S T. A critical overview on spacecraft charging mitigation methods, IEEETrans. Plasma Sci. 2003, 31, 1118 – 1124.

[6] Lai S T. On supercharging; Electrostatic aspects. J Geophys Res, 2022, 107, 1029 – 1038.

[7] Lai S T. Some novel ideas of spacecraft charging mitigation, IEEE Trans. Plasma Sci. 2012, 40 , 402 – 409.

[8] Lai S T, K Cahoy. Spacecraft charging, in Encyclopedia of Plasma Technology, United Kingdom: Taylor and Francis Publishers. 2017, 1352 – 1366.

[9] Lai S T, K Cahoy. Trapped photoelectrons during spacecraft chargingin sunlight, IEEE Trans. Plasma Sci. 2015, 43, 2856 – 2860.

[10] Lai S T, Miller C E. Retarding potential analyzer: Principles, designs, and space applications. AIP Advances, 2020, 10, 095324.

[11] Lai S T, E Murad. Mitigation of spacecraft charging by means of ionizedwater. U S Patent, 2002a, No 6463672 B1.

[12] Lai S T, E Murad. Mitigation of spacecraft charging by means of polarmolecules.

U S Patent，2002b，No 6500275 B1.

[13] Lai S T，E Murad. Spacecraft charging using vapor of polar molecules，inProceedings of the Plasmadynamics Lasers Conf，1995，1 - 11.

[14] Lai S T，Tautz M F. Aspects of Spacecraft Charging in Sunlight. IEEE Transactions on Plasma Science，2006，34，2053 - 2061.

[15] Engel A V. Electric Plasmas：Their Nature and Uses，1983.